THE GUILFORD
PRACTICAL INTERVENTION
IN THE SCHOOLS SERIES

丛书主编 [美]肯尼思·W

译丛主编 李 丹

学校心理干预实务系列

U0603235

儿童青少年自杀行为：

CHILD AND ADOLESCENT SUICIDAL
BEHAVIOR:

SCHOOL-BASED PREVENTION, ASSESSMENT, AND
INTERVENTION

学校预防、评估和干预

[美] 戴维·N. 米勒 (David N. Miller) 著

刘世宏　胡芳敏　译

上海教育出版社
SHANGHAI EDUCATIONAL
PUBLISHING HOUSE

First published in English under the title
Child and Adolescent Suicidal Behavior: School-Based Prevention,
Assessment, and Intervention by David N. Miller
Copyright@2011 The Guilford Press
A Division of Guilford Publications, Inc.
Published by arrangement with The Guilford Press
All rights reserved.

上海市版权局著作权合同登记章 图字：09-2018-042号

图书在版编目（CIP）数据

儿童青少年自杀行为：学校预防、评估和干预 /
（美）戴维·N.米勒著；刘世宏，胡芳敏译. -- 上海：
上海教育出版社，2025. 8. --（学校心理干预实务系列
）. -- ISBN 978-7-5720-3739-9

Ⅰ. B844

中国国家版本馆CIP数据核字第20257A2G09号

责任编辑　徐凤娇
封面设计　郑　艺

学校心理干预实务系列
李　丹　主编
儿童青少年自杀行为：学校预防、评估和干预
[美] 戴维·N.米勒　著
刘世宏　胡芳敏　译

出版发行　上海教育出版社有限公司
官　　网　www.seph.com.cn
地　　址　上海市闵行区号景路159弄C座
邮　　编　201101
印　　刷　上海叶大印务发展有限公司
开　　本　890×1240　1/32　印张 9.875
字　　数　196 千字
版　　次　2025年8月第1版
印　　次　2025年8月第1次印刷
书　　号　ISBN 978-7-5720-3739-9/B·0097
定　　价　59.00 元

如发现质量问题，读者可向本社调换　电话：021-64373213

献给我的父亲唐纳德·A. 米勒(Donald A. Miller)，他是一位无私奉献的丈夫，慈爱的父亲，是洋基的铁杆球迷，是一生都带着感恩、深情和热情居住于纽约约翰逊市的公民。第二次世界大战期间，他是第299工程师战斗营的成员，20岁时参加美国历史上规模最大、伤亡最惨重的阿登战役，并与纳粹作战。他相信自己会死在欧洲的阿登森林，但他在战争中幸存了下来。2009年在家人与朋友的陪伴下他度过了85岁生日。他个性非凡、举止正派，我对他充满深深的敬意，我为是他的儿子而自豪。

——戴维·N. 米勒

关于作者

戴维·N. 米勒，博士，美国纽约州立大学奥尔巴尼分校学校心理学副教授，曾担任该校学校心理学项目主任。注册学校心理学家，在公立学校和其他学校环境中儿童青少年自杀行为及情绪行为问题方面经验丰富。著有《识别、评估和治疗学校中的自我伤害》(*Identifying, Assessing, and Treating Self-Injury at School*)等著作，撰写多篇专业论文和参编有关图书章节，为多家专业期刊编辑顾问委员会成员。主要研究领域和临床方向是儿童青少年自杀行为及其相关内化问题，尤其是学校自杀预防。

总　序

　　"健康不仅是免于疾病或虚弱，而且是身体上、精神上和社会适应上的完美状态。"世界卫生组织对健康的界定具有重要的现实意义，它改变了人们一直以来只强调身体健康的观念，逐渐开始重视身心和谐、心理健康和社会适应。事实上，随着中国社会的变迁，社会经济结构的迅速发展变化，人们感受到越来越大的竞争压力，心理健康问题日益增多；2020 年以来新冠疫情在全球大范围流行，不仅对社会经济发展造成不可估量的损失，而且给公众特别是未成年人的心理带来巨大的冲击和影响。2019 年底发布的《中国青年发展报告》指出，我国 17 岁以下的儿童青少年中，约 3 000 万人受到各种情绪障碍和行为问题的困扰。其中，有 30％的儿童青少年出现过抑郁症状，4.76％～10.9％的儿童青少年出现过不同程度的焦虑障碍，而且青少年抑郁症呈现低龄化趋势。中国科学院心理研究所发布的《中国国民心理健康发展报告（2019—2020）》指出，2020 年中国青少年的抑郁检出率为 24.6％，其中重度抑郁检出率为 7.4％，抑郁症成为当前青少年健康成长的一大威胁。联合国儿童基金会《2021 年世界儿童状况》报告，全球每年有 4.58 万名青少年死于自杀，即大约每 11 分钟就有 1 人死于自杀，自杀是

10～19岁儿童青少年死亡的五大原因之一。在10～19岁的儿童青少年中，超过13％的人患有世界卫生组织定义的精神疾病。

儿童青少年大多是中小学以及大学阶段的学生，他们的心理健康问题和自杀行为的原因极其复杂，除了父母不良的教养方式等家庭环境因素，学校的学业压力、升学压力、同伴压力和校园欺凌以及不同程度的社会隔离等，均可能是影响他们心理健康的重要原因。特别是中小学生处于生命历程的敏感期，他们的发展较大程度上依赖家庭和学校，学校氛围、同伴互动和亲子关系等对他们的大脑发育、心理健康和人格健全至关重要。学生在中小学校园接受必要的知识和技能训练，尤其需要获得来自学校的更多关爱和心理支持。为此，我们推出"学校心理干预实务系列"这个以学校心理干预为核心的系列译丛，介绍国外已被证明行之有效的心理干预经验，借鉴结构清晰、操作性强的心理干预框架、策略和技能，供国内学校心理健康教育工作者参考。

本系列是我们继"心理咨询与治疗系列丛书"之后翻译推出的一套旨在提高学校教师心理干预实务水平的丛书。丛书共选择8个主题，每个主题均紧扣学校心理健康教育实际，内容贴合学生的心理需求。这些译本原著精选自吉尔福德出版社（the Guilford Press）出版的"学校心理干预实务系列"（The Guilford Practical Intervention in the Schools Series），其中有3本出版于2008—2010年，另有5本出版于2014—2017年。选择这几本原著主要基于三方面的考虑。

第一，主题内容丰富。各书的心理干预内容与当前我国学生心理素质培养和促进心理健康紧密关联，既有针对具体心理和行为问题而展开的心理教育、预防和干预，诸如《帮助学生战胜抑郁和焦虑：实用指南（原书第二版）》《破坏性行为的干预：减少问题行为与塑造适应技能》《欺凌的预防与干预：为学校提供可行的策略》和《儿童青少年自杀行为：学校预防、评估和干预》，又有针对学生积极心理培养和积极行为促进的具体举措，诸如《学校中的团体干预：实践者指南》《促进学生的幸福：学校中的积极心理干预》《课堂内的积极行为干预和支持：积极课堂管理指南》和《课堂中的社会与情绪学习：促进心理健康和学业成就》。

第二，干预手段多样。有些心理教育方案是本系列中几本书都涉及的，例如社会与情绪学习（social and emotional learning, SEL），其核心在于提供一个框架，干预范围涵盖社会能力训练、积极心理发展、暴力预防、人格教育、人际关系维护、学业成就和心理健康促进等领域，多个主题都将社会与情绪学习框架作为预防教育的基础。针对具体的心理和行为问题，各书又有不同的策略和技术。对心理和行为适应不良并出现较严重心理问题的学生，推荐使用认知治疗和行为治疗技术、家庭治疗策略等，提供转介校外心理咨询服务的指导和精神药物治疗的参考指南；对具有自伤或自杀风险的学生和高危学生，介绍识别、筛选和评估的方法，以及如何进行有效干预，如何对校园自杀进行事后处理等；对出现破坏、敌对和欺凌等违规行为的孩子，包括注意缺陷多动障碍和对立违抗障碍/品行障碍者，采用清晰而又循序渐进的行为管理方式。对于积极品质的培养，更多强调采用积极行为干预和支持（positive behavior interventions and supports，PBIS）方案促进学生的幸福感，该方案提供的策略可用于积极的课堂管理，也可有效促进学生的积极情绪、感恩、希望及目标导向思维、乐观等，帮助学生与朋友、家庭、教育工作者建立积极关系。

第三，实践案例真实。各书的写作基于诸多实践案例分析，例如针对学校和社区中那些正遭受欺凌困扰的真实人群开展研究、研讨、咨询和实践，从社会生态角度提炼出反映欺凌（受欺凌）复杂性的案例。不少案例是对身边真实事件的改编，也有一些是真实的公共事件，对这些案例的提问和思考让学习者很受启迪。此外，学校团体干预侧重解决在学校开展团体辅导可能遇到的各种挑战，包括如何让参与者全身心投入，如何管理小组行为，如何应对危机状况等；同时也提供了不少与父母、学生、教师和临床医生合作的实践案例，学习者通过对实践案例的阅读思考和角色扮演，更好地掌握团体辅导活动的技能和技巧。

本系列的原版书作者大多具有学校心理学、咨询心理学、教育心理学或特殊教育学的专业背景，对写作的主题内容具有丰厚的理论积累和实践经验，不少作者在高等学校从事多年学校心理学和心理健康的教学、研究、教育干预和评估治疗工作，还有一些作者是执业心理咨询师、注册心理师、儿科专家。这些从不同角度入手的学校心理干预著作各具特色，各有千秋，体现了作者学术生涯的积淀和职业生涯的成就。本系列的译者也大都有发展心理学、社会心理学、咨询心理学和特殊教育学的专业背景,主译者大都在高等学校多年从事与本系列主题相关的教学科研工作,熟悉译本的背景知识和理论原理,积累了丰富的教育干预和咨询评估的实践经验。相信本系列的内容将会给教育工作者、学校心理工作者、临床心理工作者、社会工作者、儿童青少年精神科医生以及相关领域的从业人员带来重要的启迪,也会对家长理解孩子的成长烦恼、促进孩子的健全人格有所助益。

　　本系列主题涉及学校心理健康教育的方方面面,既有严谨扎实的实证研究和理论基础,又有丰富多彩的干预方案和策略技术,可作为各大学心理学系和特殊教育系相关课程的教学用书和参考资料,也可作为各中小学心理教师、班主任、学校管理者或相关从业人员的培训用书,还可作为家庭教育指导的参考读物。本系列是上海师范大学儿童发展与家庭研究中心和心理学系师生合作的成果。本系列的顺利出版得到上海教育出版社的鼎力相助,该出版社谢冬华先生为本系列选题、原版书籍选择给予重要的指导和帮助,在译稿后期的审读和加工过程中,谢冬华先生和徐凤娇女士均付出了辛勤的劳动,在此一并致以真诚的感谢!

译丛主编:李丹

2022 年 7 月 15 日

推荐序

我觉得"序言"是一个奇怪的词,在我的词典里,它有"预先评论"的含义。为什么一本书需要预先评论?你买了这本书,或者也许你在买之前阅读这段话,不是因为我即将写的东西,而是因为这本书的内容能够以某种有意义的方式让你获益。我把序言理解为对作者及其作品和目标读者的介绍。我写这些话像是担任戴维作主题演讲的晚餐会的主持人,这个演讲非常重要,你能将演讲内容保存起来,需要时重温,并在你饥饿的大脑渴望知识时为你提供力量。

说实话,米勒让我写序言是应该的(当然这也是一直以来写书的规矩)。他是我非常钦佩的朋友和同事——没有人会让一个不认识、不尊重你的人来介绍你。对我来说,受邀为这本书作序言毫无疑问是一种荣誉,因为我与米勒在学术上保持一致,并获得这一领域最重要的奖项的肯定,写序意味着我的名字会出现在这本书上,并且出现在读者的书架上。这是一种荣誉,因为米勒请我写这篇序言,而不是他熟知的其他朋友和同事。所以,至少他相信我(和别人相比)的序言能为本书增色。何其有幸得此托付。

我相信,这是因为我成为一名自杀学专家已有 40 年之久,作为一名专注于青少年自杀研究的临床医生也有 30 年之久。你大概也能猜到，我比米勒还年长。同样，我也是米勒在本书中反复提及的关于青少年自杀的一本书的资深作者(谢谢你，米勒)，但问题在于，这对我来说难道不是一种潜在的威胁吗？介绍并赞扬这本书，岂不是在支持自己竞争对手的著作？我本就微薄的图书稿酬不会受到威胁吗？

答案是否定的。

我非常推荐这本书，它丰富了关于自杀的研究领域有价值的资源。我和合著者的第二版著作出版已经过去五年。在此期间，成百上千篇新的研究报告发表，新的预防措施进行了试点研究并得到认可，新的临床干预措施得以应用。我十分赞赏和欢迎这本书给儿童青少年自杀领域带来的新的知识和信息，更重要的是，这本书的读者是最有机会拯救有危险的孩子的学校工作人员。

想要预防自杀导致的英年早逝的悲剧和给周围人带来的创伤，就必须在青少年把自我伤害的想法转化为行动之前及时、有效地发现危险。此外，如果我们能更好地发现有自杀风险的孩子，就应该帮助他们增强与看护者和支持者的联系，减少自杀的风险，将他们的生命引向更有意义的目标。在学校或在电视机、电脑屏幕前发现有自杀风险的学生至关重要，但后者无法提供直接可视化的观察和即时人际互动的机会，因此为学校工作人员提供实现这些目标所需的知识和工具非常有意义。

米勒是卓有成就的学校心理学家，每个相关人士都应该拥有这本关于学校工作人员每天面对的挑战和问题的书。学校心理健康专业人士、管理者、教师和其他工作人员需要获得帮助、指引和专业建议,学会处理学校相关的潜在的自杀尝试或自杀风险,应对学校自杀事件带来的不良后果。如果你的学校还未曾应对学生自杀的后续影响,你们有可能会遇到自杀事件,到那时,再准备为时已晚。如果学校还没有拟定学校自杀预防项目,你应该从现在开始,而且应该在理解哪些举措已知有效的情况下实行这样的项目。如果学校想降低学校工作人员因忽视和否认可能发生自杀事件而被起诉的可能性,本书是必备读物。如果学校已经有一些措施来应对青少年自杀,这本书会通过一个专业人士的丰富经验帮助你提炼学校相关措施和政策。米勒博士在这个领域颇有研究,并且很了解读者。他无疑能为你和同事提供有用且急需的工具。

作为这项成果的庆祝会的主持人,我诚恳地建议你品味并消化你阅读到的内容。米勒十分出色地将我们知道的知识转化为我们应该实行的措施,而且给读者提供了重要的指南,把各种有用的措施转化为现实。

我非常自豪和荣幸能作此介绍。女士们、先生们,请继续阅读。

阿兰·L. 伯曼(Alan L. Berman)

美国自杀学会执行主任

国际自杀预防协会主席

前　言

生命中没有比孩子离世更不幸的事了。

——德怀特·D. 艾森豪威尔（Dwight D. Eisenhower）

经历深爱之人的离世会承受极大的痛苦，遭遇自杀离世更是在痛苦之外还要承受公开嘲笑和私下羞辱的难堪，以及过度的内疚和愤怒情绪。

——艾里斯·博尔顿（Iris Bolton）

"自杀"一词只适合私下谈论，不宜在公众场合提及。即使被人说出来，亲友也往往假装没有听到这可怕的字眼。因为自杀是禁忌话题，不仅污名化受害者，而且污名化幸存者。

——厄尔·A. 格罗曼（Earl A. Grollman）

"二战"欧洲盟军最高司令、第三十四任美国总统艾森豪威尔的这句话提醒我们，没有比孩子过早失去生命更不幸的事了。艾森豪威尔和妻子经历过这样的不幸：他们的第一个儿子3岁死于猩红热。此后直到艾森豪威尔1969年逝世的近五十年里，他每年都会在儿子生日那天送给妻子一束鲜花，作为他们无法抹去的丧失的纪念（Ambrose，1990）。

和艾森豪威尔一样，历史上数不清的人都曾经历过自己孩子、其他家庭成员或朋友的去世。尽管一个人在任何年龄死亡都会让人悲伤，但儿童青少年的死亡尤其不幸，因为他们的生命过于短暂，而去世过于突然。死者家人和朋友的心碎和痛苦通常还会伴随着对错失的未来的惋惜，一个生命还没来得及闪耀，就已消逝。

当儿童青少年因自杀而去世时，一个年轻的生命过早结束，通常让人更加难以接受。自杀经常被认为是青少年中最令人震惊的死亡原因，也是最难以解释的。由于人们无法理解自杀，青少年自杀经常导致恐惧和误解。博尔顿（Iris Bolton，一名咨询师，他儿子十几岁时自杀身亡）描述，自杀者家人所经历的心碎和痛苦会因其他极度负面、强烈和矛盾的情绪而恶化，比如内疚（认为自己对未能阻止自杀负有责任）和愤怒（对自己、他人甚至自杀者的愤怒，这种愤怒也会加剧内疚）。

死于自杀的儿童青少年的父母通常特别悲伤和绝望（Linn-Gust，2010）。尽管没有任何个人或事件应该为自杀负责，但这些父母经常会被愧疚困扰，认为自己在关键时刻没有尽到父母的责任，没有意识到自己的孩子如此痛苦，或者忽视了有自杀倾向行为的重要线索（Jamison，1999）。乔伊纳（Joiner，2010）指出，人们常常"对失去亲人后的许多事情感到震惊，包括他们的通讯录发生了深刻变化——曾经信任的朋友因为忽视亲人的自杀而从通讯录上消失了，又或是因为他们发表了伤人的、过于轻率的评论，比如'这是上帝的旨意'"(p. 3)。

死者的家庭成员和朋友经历的情感痛苦当然可以理解，但我们如何看待博尔顿在前言中的观点，即自杀导致的死亡也会让人感到难堪，包括"公开嘲笑和私下羞辱"？原因似乎很明显，尽管自杀经常获得公众的同情，但它也会引发耻辱感。乔伊纳（Joiner，2010）认为，"耻辱感将恐惧和厌恶、轻蔑和缺乏同情相结合，所有这些都是因为无知"(p. 272)。

要在国内外开展有效的自杀预防工作，就必须改变与自杀有关的耻辱感，但与自杀有关的恐惧并不需要改变。正如乔伊纳（Joiner，2010）所指出的，自杀非常可怕，令人生畏，这是正常的(p. 272)。一般来说，对自杀和死亡的恐惧会明显阻止一些人的自杀企图，因此对社会产生了积极作用。然而，与自杀有关的污名是另一回事。经历几个世纪（Minois，1999），对自杀的污名化并没有得到改变（Alvarez，1971；Colt，2006）。事实上，自杀可能是最被污名化的一种人类行为（Joiner，2010），现在依然是主要的社会禁忌之一（Grollman，1988）。

为什么自杀者会被严重污名化？答案十分复杂，但在一定程度上反映了这样的证据：与被认为是无法控制的处境的受害者相比，被认为对自己的处境负有一定责任的人受到更严重的歧视（Joiner，Van Orden，Witte，& Rudd，2009）。例如，人们越是认为酗酒的人或超重的人对自己的状况负有责任，就越会对这些群体怀有敌意（Joiner et al.，2009）。自杀与酗酒、超重一样，也与环境因素和遗传因素有关，这表明在这些问题上，个人的选择显然是有限的。尽管如此，对许多人来说，自杀似乎代表了个人责任的极端情况（Joiner et al.，2009，p. 168），因为人们普遍认为自杀是一件完全由个人决定的事情。不幸的是，这种错误的认知并没有削弱其普遍性。因此，自杀的问题在于，有太多人仍倾向于责备自杀者（Satcher，1998，p. 326）。

与自杀有关的污名不仅影响自杀者及其家庭，而且影响整个社区。例如，美国卫生局前局长萨彻（Satcher，1998）描述了 20 世纪 90 年代末发生在美国中西部一个小村庄的一群年轻人自杀事件。这个地区的人口约为 3 000 人，在 3 年内发生 11 起自杀事件，自杀率大约是正常预期的 13 倍。11 名自杀者的年龄为 11～23 岁，其中 8 名是青少年。死者讣告经常使用委婉的说法"死于家中"，而几乎未提及自杀的相关内容。其中一位自杀者的家长说，他必须去处理别人在背后对他"家事"的议论，猜测是什么原因导致他儿子自杀。

当地高中试图以开放的态度来面对青少年的自杀事件，遭到学生家长的抵制，家长们错误地认为谈论自杀只会使自杀浪漫化或鼓励自杀——这种想法不仅错误，而且明显地削弱了预防措施。对自杀的污名化导致广泛的社区效应，尤其体现在以下情况中：如果有人在有自杀倾向时拨打了 911 求助，他/她会被带到一个房间里等待专业人员来进行心理健康评估，而专业人员通常得跋涉 200 公里来做这样的评估。

上述案例中社区对自杀的反应并不罕见,也不是孤例。正如萨彻(Satcher,1998)所说,"在这个国家的无数地方,都可以很容易地发现类似的情况"(p. 326)。事实上,与自杀相关的污名非常普遍,以至于许多未成年自杀者的家庭声明其子女的死亡是其他原因(如事故)造成的,并将此原因写在死亡证明上(Nuland,1993)。这似乎暗示,任何一个死亡的理由都好过自杀。乔伊纳(Joiner,2010)提到一位首席法医,这位法医说他从来没有将一个年轻人的死亡记录为自杀,即使证据清楚地表明事实就是如此,因为他不想让死者的父母蒙上污名。

乔伊纳(Joiner,2010)还讲述了 2007 年发生在俄克拉何马州的一件事。一个年轻女子死于头部枪伤,尚不清楚伤口是不是她自己造成的,但女子的家族决心证明她不是自杀,同时让保险公司支付死亡赔偿金。一名法官裁定,保险公司没有充分的证据证明死亡原因是自杀,命令保险公司支付赔偿金。该家族的律师称,"这并不是钱的问题,而是为了澄清女子自杀的污名"(引自 Joiner,2010,p. 49)。这句话最有趣的地方或许是,律师显然认为,把女子(及其家族)从自杀的耻辱中解脱出来,比找到假定的凶手更重要(Joiner,2010)。

由于与之相关的污名,自杀显然是一个让很多人(即使不是大多数人)感到非常不适的话题。萨彻(Satcher,1998)在其行政管理中,将对自杀的警觉性列为重大公共卫生事件的优先级。他认为,自杀是我们这个社会"不喜欢提及的话题"(p. 326)。作家所罗门（Solomon，2001）的母亲死于自杀，他自己也是经历过自杀的抑郁症患者。所罗门也有类似的观察，他把自杀描述成"一场巨大的公共卫生危机，这让我们感到很不舒服，以至于我们对其视而不见"（p. 248）。不幸的是，就像生活中的大多数问题，把注意力从自杀问题上转移开，并不会让自杀消失。

对许多人来说，坦诚、不回避地谈论自杀事件是一件痛苦的事情，而青少年自杀的话题似乎尤其让人不安，因为公开讨论和直面青少年自杀行为会让很多人感到极度不适，并因此回避。我们没有尽己所能有效地阻止这一现象发生。幸运的是，这种处境可以改变，学校工作者可以成为解决这个问题的重要力量。本书的宗旨正是帮助学校工作者发挥其重要作用。

本书的目的和主要内容

本书的目的是为学校工作者，包括学校心理健康专业人员（例如学校心理学家、辅导员、社会工作者）和学校其他人员（例如管理人员、教师、护士、提供专业支持的人员），提供有关儿童青少年自杀行为的有用、实用信息以及有效的学校预防、评估和干预。第一章概述儿童青少年自杀行为，界定儿童青少年自杀行为的含义和背景。涵盖的主题包括儿童青少年自杀行为的人口统计学数据，如年龄、性别、种族、地理环境和可能影响自杀行为的其他变量的相关信息。讨论儿童青少年自杀行为最常见的时间、地点和方式，提供儿童青少年自杀的可能原因，着重强调人际心理自杀理论，该理论得到越来越多实证研究的支持，对学校自杀预防、评估和干预有直接影响。

　　第二章介绍学校自杀预防，包括对项目有效性的回顾，有效和无效的预防措施，全面详尽的学校自杀预防项目，推荐有效的干预措施；学校应当介入青少年自杀预防的理由，学校相关责任和伦理问题，以及学校工作人员尤其是学校心理健康专业人员在预防自杀中承担的责任。第三章评述采取公共卫生措施预防青少年自杀的诸多好处，不同社区自杀预防项目的有效性，如限制自杀方式的措施、电话热线和公共教育；提供将预防自杀的公共卫生举措有效运用于学校的相关信息。

　　第四章提供了如何为特定学校或学区所有学生开发学校普遍性自杀预防项目的信息。第五章讨论识别有潜在自杀风险或高自杀风险学生的相关议题和程序，以及如何有效地将评估与干预联系起来。第六章描述针对有自杀风险学生的选择性干预，以及针对高风险学生和在学校出现过自杀危机的学生的危机干预和三级预防。

　　第七章论述事后处理问题，即学生自杀身亡后学校应采取的措施，包括如何有效应对学生、学校工作人员和媒体。事后处理程序包括学生实施自杀行为后返回学校的情况，例如自杀未遂和住院问题。简短的结束语提出了总体结论，以及关于学校自杀预防、评估和干预的最后想法。书末有两个附录。附录一为有兴趣的读者提供了由两位专家撰写的公立学校学生自杀判例法的摘要。附录二列出了推荐资源，包括相关机构、书籍和培训项目，供有兴趣在学校自杀预防、评估和干预领域进一步提高自身知识和技能的学校工作人员使用。

为什么学校专业人士应该阅读本书

儿童青少年自杀是一个令人难以置信的悲剧性、悲伤性和情感上难以承受的话题，有人可能疑惑为什么有人想了解自杀。这个话题是不是太毛骨悚然了？对此我想不出比乔伊纳（Joiner，2010）更好的回答了。乔伊纳说，"努力预防令人痛苦的死亡原因和大规模的公共卫生问题，这并不是什么病态的事情"（p. 269）。奥地利维也纳解剖研究所大门上方的一句话表达了类似的观点：逝者有益生者之地（"Hic locus est ubi mors gaudet succurrere vitae"或者"This is the place where death rejoices in helping the living"）（引自 Shneidman，2004）。我想补充一点，尽管死亡是生命不可避免的自然组成，但自杀身亡既非自然，也非不可避免。通过提高对儿童青少年自杀行为的认识和理解，以及知道如何更有效地预防、评估和应对自杀行为，学校工作人员可以帮助减少自杀行为的发生。

我希望本书至少在某种程度上能揭示儿童青少年自杀行为这一神秘主题，从而减少关于它的误解，以及自杀身亡儿童青少年及其家人感受到的污名。最重要的是，我希望本书成为学校专业人员有益的、可应用的资源。学校自杀预防、评估和干预的最终目的是挽救儿童青少年的生命。本书的目的是帮助学校专业人员理解如何更有效地实现这个目标。

致谢

没有作家是独自写书的，本书也不例外。我要感谢很多人，首先是锡耶纳学院的克里斯廷·米勒（Kristin Miller），她是一名杰出的大学讲师、专家顾问，是我认识的真正研究型临床工作者的最好代表；她也是我的爱人，我最好的朋友，我一生的挚爱。在本书的整个写作过程中，她给予我始终如一的鼓励和支持，为本书的成型和完成提供了至关重要的想法和资源，我难以用语言表达她给予我的帮助。我还想感谢北得克萨斯州大学的理查德·福西（Richard Fossey）和理海大学的佩里·齐克尔（Perry Zirkel），他们是负责教育机构学生自杀问题的专家，参与撰写本书附录一：公立学校学生自杀判例法。我尤其感谢肯尼思·W. 梅里尔（Kenneth W. Merrell），他是俄勒冈大学学校心理学教授，主编了吉尔福德出版社的"学校心理干预实务系列"；同时也感谢吉尔福德出版社的编辑纳塔莉·格雷厄姆（Natalie Graham）和资深编辑克雷格·托马斯（Craig Thomas）鼓励、帮助和耐心支持我推进本书。本书由吉尔福德出版社出版并纳入"学校心理干预实务系列"，这是我的荣幸，也是我职业生涯的一个里程碑。

我还要感谢理海大学的导师。在理海大学，我特别幸运地成为学校心理学项目的博士生。我尤其要感谢克里斯蒂娜·科尔（Christine Cole）、爱德华·夏皮罗（Edward Shapiro）和乔治·杜保罗（George DuPaul）三位教授，他们帮助我成为更好的作家和学校心理学家。特别是杜保罗教授，他是我毕业论文的答辩主席，我的第一篇公开发表的专业论文的合著者。这篇论文脱胎于他的课程作业，是关于学校自杀预防项目的文献综述。正是这三位学者的奉献精神和专业素养的示范作用，以及他们对工作一如既往的热情，激发了我从事学校心理学领域的学术研究——这是我从未后悔过的一项决定。特别感谢我的朋友和同事，锡拉丘兹大学的塔尼娅·埃克特（Tanya Eckert），当我们在理海大学读研究生时就开始合作学校自杀预防项目。感谢我在理海大学的同学凯文·凯利（Kevin Kelly），感谢他对我的长期支持与鼓励。

　　我最初关注学校自杀预防是在理海大学攻读博士学位时。我感谢很多人教会了我许多有关自杀行为和预防的知识，尤其是发生在儿童青少年时期的自杀。我特别感谢伯曼为本书赐写推荐序。我还要感谢华盛顿大学的吉姆·马萨（Jim Mazza）阅读本书手稿，并给出积极有益的建议。下面是我尊敬和钦佩的专家，他们的研究和/或著作对我产生了极大的影响和启发，他们是戴维·布伦特（David Brent）、史蒂夫·布罗克（Steve Brock）、戴维·戈德斯顿（David Goldston）、马德琳·古尔德（Madelyn Gould）、皮特·古铁雷斯（Pete Gutierrez）、基思·霍顿（Keith Hawton）、凯·雷德菲尔德·贾米森（Kay Redfield Jamison）、戴维·乔布斯（David Jobes）、托马斯·乔伊纳（Thomas Joiner）、谢里尔·金（Cheryl King）、菲尔·拉扎勒斯（Phil Lazarus）、里奇·利伯曼（Rich Lieberman）、辛西娅·普费弗（Cynthia Pfeffer）、斯科特·波伦（Scott Poland）、威廉·雷诺兹（William Reynolds）、M. 戴维·拉德（M. David Rudd）、乔纳森·桑多瓦尔（Jonathan Sandoval）、戴维·谢弗（David Shaffer）、莫顿·西尔弗曼（Morton Silverman）、安东尼·斯皮里托（Anthony Spirito）、巴里·瓦格纳（Barry Wagner）、弗兰克·泽内尔（Frank Zenere），以及已故的约翰·卡拉法特（John Kalafat）和埃德温·施奈德曼（Edwin S. Shneidman）。如果没有致力于自杀预防研究和实践的上述专家和其他专业人士所作的杰出贡献，本书不可能完成。

我还要感谢纽约州立大学奥斯威戈分校咨询和心理服务系的教师（他们现在退休了）。很多年前，我是该学校的研究生，第一次被他们领入学校心理学领域，他们是汤姆·库什曼（Tom Cushman）、布鲁斯·莱斯特（Bruce Lester）、安迪·施泰因布雷歇尔（Andy Steinbrecher），特别是吉恩·佩尔蒂科内（Gene Perticone）一直督促我成长。此外，我还要感谢宾厄姆顿（纽约）学区特殊服务部门的教员，1989—1991 年我在那里担任学校心理学家，与他们共事，收获了他们的友谊和支持。特别是朱迪·博德（Judy Bode）、卡罗尔·菲施（Carol Fish）、芭芭拉·吉尔伯特（Barbara Gilbert）、马雷娜·冈兹（Marena Gonz）、莉萨·雷德科（Lisa Redecko）、贝弗利·罗森（Beverly Rosen）和帕特·厄本（Pat Urban）。在我事业起步的岁月，与家乡众多有才华且敬业的学校从业者共事，给我留下了许多美好的回忆。

特别感谢费城儿童医院学校心理学教授、《学校心理学评论》（*School Psychology Review*）前主编托马斯·鲍尔（Thomas Power），他大力支持学校自杀预防项目，并特别就学校自杀预防这一主题在《学校心理学评论》中刊发了一期。我还要感谢布拉德·阿恩特(Brad Arndt)，他让我了解关于枪支及其与暴力犯罪之间关系的有用信息。感谢国家自杀预防热线项目主任约翰·德雷珀(John Draper)解答儿童青少年拨打"911"寻求自杀相关帮助的问题。感谢纽约州立大学奥尔巴尼分校参与完成这个项目的研究生，感谢他们努力工作，特别是珍妮特·艾利斯(Jeannette Ellis)和雅米内·萨瓦(Jamine Savoie)。

我还要感谢理海大学百年纪念学校的学生和教职员工，这是一所为重度情绪行为障碍学生开设的示范性走读学校，在那里我获得评估自杀风险和参与自杀预防工作的宝贵经验。我要特别感谢百年纪念学校的校长迈克尔·乔治(Michael George)，我从来没有遇到过其他人比迈克尔·乔治校长更了解组织领导力，或比他更懂得如何与情绪行为障碍学生一起工作，他也很可能是我遇到过的最好领导。在我的职业生涯中，我非常幸运地遇到许多优秀的导师，迈克尔·乔治是其中之一。

最后，我要感谢我的父母：母亲玛丽·J. 米勒(Mary J. Miller，已故)和父亲唐纳德·A. 米勒(Donald A. Miller)。我的父母住在纽约州北部的一个小镇上，他们在那里长大，结婚58年，直到2005年母亲去世。虽然从未接受过教师培训，但母亲天生就适合当教师，她对他人怀有同情之心，逐步教给我自信和热爱学习，对我的成长起到重要作用。因为母亲，我的生活无比美好。父亲在母亲中风后几乎独自照顾了她12年，他一直以来深深地鼓舞着我，是我认识的最伟大的人。

目　录

第一章

儿童青少年自杀行为概述

　　自杀的每一种方式都有其特点：极度私密、不可知、可怕……活着的人试图绘制生命的这一虚幻图景，却只能是一幅草图，极其不完整。

　　　　——凯·雷德菲尔德·贾米森（Kay Redfield Jamison）

　　要理解自杀，我们必须理解痛苦以及承受痛苦的各种阈值；要治疗有自杀倾向的人（和防止自杀），我们必须处理问题，然后减弱和减少导致自杀的心理问题。

　　　　——埃德温·S. 施奈德曼（Edwin S. Shneidman）

　　说死于自杀的人在死亡之时是孤独的，就像说海洋是水一样接近真相。孤独感与疏离感、隔绝、拒绝和排斥联结——这是相对较好的表述，但并没有完全捕捉实质。事实上，我相信不可能用语言完全捕捉自杀现象，因为它是超乎寻常的体验，就像很难想象宇宙的尽头会是什么。

　　　　——托马斯·乔伊纳（Thomas Joiner）

> 每年约有 100 万人死于自杀，这个数字相当于每天约有 3 000 人或每 40 秒就有 1 人死于自杀。

自杀是一个全球性的重大公共卫生问题。世界卫生组织估计，每年大约有 100 万人死于自杀，这个数字相当于每天约有 3 000 人或每 40 秒就有 1 人死于自杀。世界范围内每年因自杀而死亡的人数惊人，比每年因他杀或战争而死亡的人数要多得多。此外，根据世界卫生组织的数据，在过去的半个世纪，世界范围内自杀的人数增加了 60％以上，是 10～24 岁年轻人的第二大死因。

在美国，每年大约有 3.2 万人死于自杀，相当于每天就有 80 多人死于自杀。美国物质滥用和精神卫生服务管理局（Substance Abuse and Mental Health Services Administration, 2009）最近进行的一项具有里程碑意义的研究揭示了美国人自杀行为的重要信息。这项研究涉及 4.6 万名 18 岁以上的成年人，他们在 2008 年完成国家药物使用和健康调查（National Survey on Drug Use and Health），调查发现，在过去一年中，830 万成年人（约占美国成年人口的 3.7％）有严重的自杀念头，230 万人有自杀计划，110 万人自杀未遂（其中 60％以上的人需要某种形式的医药治疗，46％的人需要住院治疗）。此外，年龄为 18～25 岁的年轻人比老年人更可能有严重的自杀念头、自杀计划，以及在一年内自杀未遂。

尽管这些数字令人担忧，但更令人不安的是，许多学龄儿童青少年在很大程度上也有自杀行为。尽管由于医学的不断进步，儿童青少年的死亡率在过去几十年里一直在稳步和大幅下降，但美国未成年人自杀率仍然居高不下（King & Apter，2003）。事实上，尽管近年来呈现下降

> 尽管由于医学的不断进步，儿童青少年的死亡率在过去几十年里稳步和大幅下降，但美国未成年人自杀率仍然居高不下。

趋势，但20世纪50年代以来，青少年自杀率显著上升。许多人认为，这一情况在未来可能会更加严重（例如，Gutierrez & Osman，2008）。在美国，每天大约有5名10～19岁的儿童青少年自杀死亡（Wagner，2009）。如果每天相同的死亡人数不是由自杀而是由学校枪击造成的，那么它很可能会被视为一场需要立即关注的全国性危机。

不幸的是，儿童青少年自杀只是问题的一部分。据估计，每有1名死于自杀的儿童青少年，至少有100～200名儿童青少年有自杀企图，数千人有严重的自杀念头（Miller & Eckert，2009）。事实上，非致命但严重的自杀行为（例如自杀意念、自杀企图）会对儿童青少年及其家庭产生负面影响。例如，企图自杀但没有死于自杀的儿童青少年可能会受到严重的伤害，包括可能的大脑损伤、骨折或器官衰竭。此外，认真考虑自杀或企图自杀的儿童青少年往往同时经历抑郁和其他心理健康问题，

> 在美国，每天大约有5名10～19岁的儿童青少年自杀死亡。如果每天相同的死亡人数不是由自杀而是由学校枪击造成的，那么它很可能会被视为一场需要立即关注的全国性危机。

未成年自杀者的家人和朋友也有发展出这些问题的风险。因此，青少年自杀行为的心理、情感、行为、社会、医疗和经济成本，不仅对个人，对家庭和整个社区往往也是毁灭性的（Miller，Eckert，& Mazza，2009）。很明显，青少年自杀行为是一个严重的公共卫生问题，值得更多关注（Satcher，1998）。

> 据估计，每有 1 名死于自杀的儿童青少年，至少有 100~200 名儿童青少年有自杀企图，数千人有严重的自杀念头。

由于学校工作人员与儿童青少年日常接触，因此有防止儿童青少年自杀的独特机会。尽管学校面临许多重大挑战，但很少有比青少年自杀行为更严峻的挑战，当然也没有比这更紧迫的事情。许多学校将有严重抑郁、自伤和/或自杀倾向的学生转介的数量大幅提升，这一趋势很可能会继续（Lieberman，Poland，& Cassel，2008）。不幸的是，接受足够培训、能为这些儿童青少年提供必要服务的学校工作人员似乎很少。甚至学校心理健康专业人员也经常报告，他们在有效预防或应对青少年自杀行为方面准备不足（Darius-Anderson & Miller，2010；Debski，Spadafore，Jacob，Poole，& Hixson，2007；Miller & Jome，2008）。

例如，一项调查发现，在全国性样本中，86%的学校心理学家称他们曾给威胁或企图自杀的学生提供咨询服务，35%的学校心理学家报告，学校里有学生死于自杀，62%的学校心理学家报告，他们知道学校学生有过非致命的自杀未遂。然而，在这项调查的学校心理学家中,只有 22% 的人认为他们的学术培训足以让他们充分干预有自杀倾向的青少年,或者在学生自杀后有效实施干预(Berman,2009)。如果学校心理健康专业人员表示,他们在处理青少年自杀行为方面没有受到足够的培训,你就能想象教师、管理人员和学校其他人员在这个问题上多么缺乏准备。显然,学校从业者需要更多关于青少年自杀行为的信息,特别是可以作为有效预防、评估和干预策略的实用指南的信息。

如果学校工作人员要积极有效地应对青少年自杀行为,那么他们需要在许多不同的领域增强知识和技能。这些领域包括实施和维持学校自杀预防项目,评估自杀风险,干预青少年自杀,以及在自杀发生后积极有效地作出反应。这些问题至关重要,因为学校从业者对青少年自杀者的反应方式可能决定了生还是死的区别(Miller & Eckert,2009)。

自杀行为

在有效预防和应对青少年自杀行为的过程中,第一步是要充分理解"自杀行为"这个贯穿本书的核心词的含义。就我们的目的而言,自杀行为(suicidal behavior)是指由自杀意念、自杀表达、自杀未遂和自杀死亡这四种独立而又常常交叠的形态或类型构成的连续体。自杀行为的这

> 自杀行为是指由自杀意念、自杀表达、自杀未遂和自杀死亡这四种独立而又常常交叠的形态或类型构成的连续体。

四种形态或类型沿着这一连续体发展变化，既不是相互排斥，也不是有自杀倾向的青少年都会沿着连续体经历自杀行为的所有这四种形态或类型（Mazza，2006；Silverman，Berman，Sanddal，O'Carroll，& Joiner，2007a，2007b）。此外，在这一连续体上，自杀行为这四种形态或类型的发生频率沿着这一连续体从左至右降低，但其危险性和死亡概率增加（Mazza & Reynolds，2005）。因此，自杀行为包含比自杀更广泛的系列行为。下面将逐一详细描述自杀行为的这四种形态或类型。

自杀意念

自杀意念（suicidal ideation）处于自杀行为连续体的开端，指对自杀的认知或想法。这些想法可能既包括一般想法（如关于从未出生或死亡的愿望），也包括具体想法（如制定关于自杀可能发生的时间、地点和方式的详细计划）（Mazza，2006）。根据自杀意念的程度和类型，它可能是更严重的自杀行为的前兆。例如，一个青少年不经常思考自杀问题，并且在出现自杀想法时迅速拒绝接受这种想法，那么通常不会被认为有高自杀风险，特别是这个青少年没有自杀未遂前史或心理健康问题病史。相反，一个青少年经常有自杀意念，并且有详细的自杀计划，那么这个青少年应该被认为有高自杀风险。

短暂的自杀想法在青少年时期似乎经常出现，甚至相当普遍（Rueter，Holm，McGeorge，& Conger，2008）。例如，一项研究表明，高达 63% 的高中生报告了某种程度的自杀意念（Smith &

Crawford，1986)。然而,当采用横断评估方法时,研究通常发现,大约20%的青少年报告在某些时候有自杀的认真想法(Bridge, Goldstein，& Brent，2005)。研究表明,随着儿童青少年年龄的增长,自杀意念的发生率会上升,在14～16岁时达到顶峰,之后会下降(Rueter & Kwon，2005)。虽然自杀意念是一种严重的自杀行为,但有某种自杀意念的青少年并不总是通常也不会转向更严重的自杀行为,如自杀计划或自杀未遂(Lewinsohn，Rohde, Seeley，& Baldwin，2001)。

学校工作人员需要了解在哪些条件下自杀意念可能导致更严重的自杀行为。施泰因豪森等人(Steinhausen，Bösiger，& Metzke, 2006)分别评估了一组青少年在13岁和20岁时的自杀风险,根据自杀意念的水平确定了四个不同的青少年亚组。吕特尔及其同事(Rueter et al.，2005)研究了552名青少年和年轻成年人,从他们平均14岁开始直到27岁,历时13年。吕特尔等人确定了三个组:无自杀意念组(在14岁或27岁时并无自杀意念)、自杀意念降低组(随着时间的推移,自杀意念水平降低)、自杀意念增加组(随着时间的推移,自杀意念增加)。自杀意念增加组制定自杀计划的可能性最大。自杀未遂的概率在自杀意念降低的男性和自杀意念增加的女性中最高(Rueter et al.，2008)。这些结果表明,遵循自杀意念随着时间推移的轨迹,可能有助于识别极有可能出现更严重自杀行为的人。

当"自杀意念不再只是短暂的,还可能萦绕不散,并有可能转化为自杀行为"时，自杀意念在临床上就变得很重要（Berman et al.，2006，p. 99）。许多死于自杀的青少年曾考虑自杀、计划自杀和自杀未遂（Rueter et al.，2008）。例如，格林及其同事（Greening et al.，2007）对自杀行为进行路径分析，发现自杀意念对自杀未遂有显著的直接影响。此外，若有自杀未遂前史，当前的自杀意念与未来的自杀未遂有显著相关。

自杀表达

自杀表达（suicide-related communications）指"任何传播、传达或传递（关于自杀的）思想、愿望、欲望或兴趣的人际行为，但有证据（无论是显性的还是隐性的）表明这种表达本身不是自我伤害行为"（Silverman et al.，2007b，p. 268）。自杀表达包括可能有自杀意图但不会对个人造成伤害的语言和非语言表露：自杀威胁和自杀计划。

自杀威胁（suicide threat）指"任何语言的或非语言的且没有直接的自我伤害成分的人际行为，而且这种人际行为在一个理性的人看来传达或暗示（更极端形式的）自杀行为可能会在不久的将来发生"（Silverman et al.，2007b，p. 268）。这种表达可以是直接的（例如一个学生告诉同伴他想自杀），也可以是间接的（例如一个学生从事高度危险、冒险和自我毁灭的行为），而且在计划、沟通和对他人隐瞒的程度上有所不同（Kingsbury，1993）。自杀计划（suicide plan）指"设计可能导致潜在自我伤害结果的实施方法，对可能导致自我伤害的系统性规划"（Silverman et al.，2007b，

p. 268)。作出自杀威胁或自杀计划的人是在向他人表达死亡的意图。

西尔弗曼及其同事（Silverman et al., 2007b）提出，自杀表达被认为是自杀意念和更极端的自杀行为的中间阶段，比如自杀未遂。这种类型的自杀行为具有人际动机，并且经常涉及以某种方式向他人表达一个人如何从自杀意念上升到前自杀行动（自杀威胁）或者自杀行动（自杀计划）。

重要的是，要认识到并不是所有有自杀倾向的青少年都表现出自杀威胁，也不是所有有自杀威胁的青少年都会去自杀（Mazza, 2006）。例如，绝大多数试图自杀或死于自杀的青少年，他们中可能有高达80%的人在自杀前都会发出威胁或警告。相反，绝大多数自杀威胁并不会导致自杀，经常发出自杀威胁的人并没有打算真的自杀，自杀行为也可能由于偶然强化因素的出现而推迟，比如来自他人的期望关注（Berman et al., 2006）。然而，意识到并不是所有发出自杀威胁的青少年都会真正地企图自杀，这不应该成为最小化或忽略自杀行为的理由。正如伯曼及其同事（Berman et al., 2006）所指出的，"所有有关自杀的威胁和表达都应该被认真对待，作为潜在临床意义和潜在风险的指标进行回应和评估。不这样做并最终由（自杀）来证明错误，是我们认为的最可预防和最不可接受的代价"（p. 99）。

自杀未遂

自杀未遂（suicide attempt）是自杀行为连续体上的第三种自

杀行为，可以定义为"一种自我施加的、具有潜在伤害的行为，其结果是非致命的，且有证据表明有（无论是显性的还是隐性的）自杀意图"（Silverman et al.，2007b，p. 273）。自杀未遂有不同类型，一些被认为是高意图的自杀未遂，另一些被认为是低意图的自杀未遂。通常用试图自杀的方法的致命性来区分这两种类型（Berman et al.，2006）。例如，高意图的自杀尝试与较高的致死率有关（例如使用枪支）。大多数儿童青少年的自杀尝试致死率都较低，因此获救的可能性较大。例如，比起服用过量药物，枪支是更致命的自杀方式。如果使用更致命的方式，青少年更有可能自杀死亡。幸运的是，自杀未遂的青少年通常选择低致死率的方法，这表明绝大多数青少年对自杀持矛盾态度（Mazza，2006）。事实上，绝大多数青少年自杀尝试的致死率很低，以至于不需要医疗处理或其他形式的处理，甚至从未被报道过（Berman et al.，2006）。

　　一些自杀未遂的青少年表现出伯曼及其同事（Berman et al.，2006）所称的低致死率自我毁灭行为。大多数表现出这种行为的青少年的意图似乎是激发或引起他人行为的改变。例如，一名青少年当着他人的面，在一个不太可能导致大面积失血的部位（如肘部）割伤自己，这可能是一种低致死率的自我伤害行为。这些低致死率的行为有时被看作一种"哭喊呼救"或者"自杀姿态"。这两个词都是不幸的，因为它们都以自己的方式，通过暗示青少年对自杀并不"认真"和/或个人"只是在寻求关注"来最小化这种行为的重要性。虽然尝试低致死率方式的青少年很可能是在寻求关注和/

或试图改变他人的行为,但为什么这些青少年会被迫采取这种行为值得反思。可能是因为他们反复尝试过其他方式实现目标,但没有成功。无论如何,正如之前所指出的,所有关于青少年自杀行为的表达都应该由关心他们的成年人以认真和深思熟虑的方式立即作出回应。

反复自杀未遂者是有"慢性、习惯性自我毁灭行为"的青少年(Berman et al.,2006,p. 98)。这些人与较少自杀未遂者相比,往往表现出更多与自杀有关的慢性症状,较差的应对策略和应对史,他们的家庭成员也更容易表现出混乱的和持续的不良行为模式(包括自杀行为和物质滥用)。虽然这些人最初的自杀未遂通常比后来的自杀未遂致死性低,但自杀未遂的杀伤力通常随着自杀的发生而增加。因此,多次自杀未遂者最终自杀死亡的风险很高,因为多次自杀未遂是自杀最有害的风险因素之一。毫不奇怪,反复自杀未遂者经常住院,增加了医院和其他治疗系统的负荷(Berman et al.,2006)。

虽然大多数青少年的自杀未遂没有带来致命的结果,但这并不意味着成年人可以不认真对待这些行为。随着心理健康问题和精神疾病的出现,先前的自杀未遂是后来自杀死亡者最重要的风险因素之一。虽然大多数企图自杀的青少年只会这样做一次且未导致死亡,但也有相当一部分企图自杀者后来自杀死亡(Berman et al.,2006)。企图自杀的青少年反复自杀的风险大大增加,日后自杀死亡的风险也增加(Groholt & Ekeberg,2009)。除了增加其他形式的自杀行为的可能性，自杀未遂也会因多种其他心理健康问题使青少年处于风险中。例如，一项研究追踪了一组自杀未遂的青少年8～10年（样本为71人）。79%的人在随访中至少有一种精神障碍，其中最常见的是抑郁症。此外，大约33%的人接受过某种形式的住院治疗，78%的人接受过某种形式的心理治疗，44%的人还发生自杀未遂（Groholt & Ekeberg，2009）。

自杀死亡

自杀死亡是自杀行为连续体中最后一个也是最致命的行为（Mazza & Reynolds，2008）。自杀死亡（suicide）可以定义为一种带有明确的或推断的死亡意图的、致命的自我加害行为（Mazza，2006）。为实施自杀死亡，一个人必须表现出自杀意念，发展出自杀意图，并使用足够致命的方法来实现这一意图。确定自杀的蓄意性或有意性通常很困难，这取决于死者明白这种自我加害行为会导致死亡的证据。是否自杀死亡，必须由验尸官或法医鉴定（Brock，2002）。

企图自杀的青少年和自杀死亡的青少年的一个关键区别是心理病理症状的存在，尤其是心境障碍、物质滥用障碍和破坏性行为障碍（Fleischmann，Bertolote，Belfer，& Beautrais，2005）。事实上，研究表明90%或更多自杀死亡的青少年在死亡时至少有一种可诊断的心理障碍（Berman et al.，2006）。儿童心理病理学及其与青少年自杀的关系是一个关键问题，第四章将广泛讨论。

小结

准确定义不同形式的自杀行为有时是一个复杂的过程，不同的研究者和理论家以不同的方式定义自杀行为（Silverman et al.，2007a，2007b）。从本书的目的出发，广义的自杀行为被定义为不仅包括狭义的自杀（自杀死亡），还包括自杀意念、自杀表达和自杀未遂这三种相关行为。

作出不同形式的自杀行为的个体，其特征存在显著差异。例如，企图自杀（自杀未遂）的典型青少年是一个在他人（如父母）面前吸食毒品的青春期

> 在美国，大约 1/7 的高中生有严重的自杀意念，1/10 的高中生有自杀计划，1/14 的高中生自杀未遂，程度不同地需要医学处理或住院治疗。

女孩，而自杀死亡的典型青少年是一个使用枪支的青春期男孩（Berman et al.，2006）。因此，企图自杀（自杀未遂）的儿童青少年不应被视为等同于自杀死亡的儿童青少年。两者之间经常有重要区别，就像仅有自杀意念的儿童青少年与自杀未遂的儿童青少年有重要区别。不过，不管儿童青少年表现出哪种形式的自杀行为，只要他们正表现出严重的问题，就需要关心他们的成年人给予紧急关注和积极干预。

青少年自杀行为问题的范围

除了狭义的自杀（自杀死亡）以外，考虑到自杀意念、自杀表达（如自杀威胁和自杀计划）和自杀未遂的发生情况，青少年自杀行

为问题的范围就很明显了。2007年，青少年风险行为监测系统（Youth Risk Behavior Surveillance System，YRBSS）进行了一项全美青少年风险行为调查，来自美国39个州的九至十二年级学生完成1.4万多份问卷。这项调查是撰写本书时同类调查中最全面的一项。调查发现，约14.5％的学生认真考虑过自杀企图（自杀未遂）（女生占18.7％，男生占10.3％）。同一年，11.3％的学生制定过实施自杀企图（自杀未遂）的计划（女生占13.4％，男生占9.2％），6.9％的学生至少有一次自杀未遂（女生占9.3％，男生占4.6％），2％的学生至少有过一次自杀未遂并导致受伤、中毒或用药过量，不得不由医生或护士来处理（Centers for Disease Control and Prevention，2008）。总的来说，这些数据表明，每年大约有1/7的高中生有严重的自杀意念，1/10的高中生有自杀计划，1/14的高中生自杀未遂，程度不同地需要医学处理或住院治疗。

有情绪行为障碍、学业失败或辍学风险的高中生（特殊高中生），他们的自杀行为理应得到更多关注（Berman et al.，2006）。特殊高中生报告自己曾认真考虑自杀或制定具体自杀计划的概率是普通高中生的1.5倍，报告有自杀未遂的概率是普通高中生的2倍，报告自杀未遂严重到需要医学处理的概率是普通高中生的3倍（Berman et al.，2006）。

在所有年龄组中，青少年非致命性的自杀未遂与实际自杀的比率最高（King，1997）。根据青少年风险行为监测系统报告的数据和其他来源的数据，每发生一次青少年自杀事件，都可能有数百名青少年自杀未遂。任何致命程度的自杀未遂一旦发生,更严重的自杀未遂及自杀死亡的风险会显著地提高(Berman et al.,2006)。

透视青少年自杀

为青少年自杀行为提供背景信息十分重要,这样才能从适当的角度看待它。例如,虽然自杀是美国人死亡的第十一大原因,但它是美国 15～19 岁青少年死亡的第三大原因,也

> 自杀死亡的青少年和年轻成年人比死于癌症、心脏病、艾滋病、出生缺陷、中风、肺炎、流感以及慢性肺部综合征等疾病的青少年和年轻成年人加起来还要多。

是美国 10～14 岁儿童青少年死亡的第四大原因(Centers for Disease Control and Prevention,2006)。在美国 15～19 岁的青少年中,每年只有意外伤害(如意外事故)和他杀造成的生命损失比自杀更大。自杀死亡的青少年和年轻成年人比死于癌症、心脏病、艾滋病、出生缺陷、中风、肺炎、流感以及慢性肺部综合征等疾病的青少年和年轻成年人加起来还要多。对美国 10～14 岁的儿童青少年来说,自杀紧随意外伤害、恶性肿瘤(比如癌症)以及他杀,是导致死亡的主要原因。此外,尽管从 1990—2004 年,10～19 岁的儿童青少年总体自杀率下降,但 2003—2004 年,10～19 岁的女性自杀率和 15～19 岁的男性自杀率显著上升(Centers for Disease Control and Prevention,2007)。

在过去的几十年里,尽管青少年自杀率有所波动,例如 20 世

纪 90 年代和 21 世纪初显著下降，但在过去的 50 年里，儿童青少年的总体自杀率提高了 300％（Berman et al.，2006）。除了这一发人深省的统计数据，报告的青少年自杀人数可能低于实际人数（Lieberman，Poland，& Cassel，2008）。例如，如果死亡原因模棱两可，无法完全排除另一死因，或者负责检验的医学检查员不愿意判定死因是自杀，以避免"污名化"自杀者的父母/监护人，那么死亡就不被归为自杀。研究表明，漏报实际自杀人数的情况确实存在，但这种情况可能很少（Kleck，1988），围绕自杀的污名化现象也表明，对青少年自杀率的记录某种程度上偏低。

尽管已经提出一系列可能性，包括家庭凝聚力下降、青少年抑郁症发病率提高、药物和酒精成瘾、枪支滥用等因素，青少年自杀率在过去半个世纪左右急剧上升的原因依然尚不明确（Hendin et al.，2005）。近期儿童青少年整体自杀率下降的原因更加不明确，有人认为是由于经济的积极影响、更安全的枪械操作，以及儿童青少年抗抑郁药物的更多使用（Wagner，2009）。

青少年自杀是一个悲剧性的、非常痛苦的话题，因此可以理解很多人谈到该话题时都有强烈的情绪反应。这种情绪性有时反映在对儿童青少年自杀的夸张描述中，尽管动机良好，但这样的描述有时会给儿童青少年自杀的普遍性带来误解和歪曲（Berman et al.，2006）。很明显，儿童青少年自杀是一个普遍存在的公共卫生问题，是一场"需要关注的危机"（Mazza，2006，p. 156），尤其是考虑到儿童青少年自杀行为的整个范围，包括自杀意念、自杀表达、自杀未遂和自杀死亡。然而，使用"流行病"（Woods，2006）或其他不准确的词汇来描述儿童青少年自杀，会传达出一种不必要的危言耸听的信号，并不能体现这是一个非常真实和严重的问题。

青少年自杀的人口统计学资料

种族

不同种族的群体在青少年自杀率、自杀发生的背景和寻求帮助的模式上存在差异（Goldston et al.，2008）。在美国较大的种族群体中，欧裔美国青少年自杀率最高，其次是非裔美国青少年和拉丁裔美国青少年（Berman et al.，2006）。虽然从历史上看，非裔美国青少年的自杀率一直低于欧裔美国青少年，但近几十年来，非裔美国男性的自杀率大幅上升。例如，1960—2000 年，15～19 岁的非裔美国男性的自杀率提高了两倍多（Berman et al.，2006）。

青少年自杀率最高的是美洲原住民，最低的往往是亚洲/太平洋岛民（Mazza，2006）。关于美洲原住民青少年自杀率高，有以下几种假设，包括酒精和枪支的使用比例较高，以及这一群体经常缺乏社会融合（Middlebrock，LeMaster，Beals，Novins，& Manson，2001）。然而，美洲原住民青少年的自杀率有很大差异，这个群体的自杀率受不同因素的影响，包括地理因素（Berman et al.，2006）。在所有种族中，美洲原住民青少年的自杀意念和非致命性自杀行为比率最高，其次是拉丁裔美国青少年、非裔美国青少年和欧裔美国青少年(Joe，Canetto，& Romer，2008)。

在接受与自杀有关的心理健康服务方面，经常报告存在种族和族裔差异。例如，一项研究(Freedenthal，2007)涉及超过 2 000 名 12～17 岁的非裔美国青少年、西班牙裔美国青少年和欧裔美国青少年，他们每个人都报告过自杀意念或在前一年自杀未遂。研究结果表明，与欧裔美国青少年相比，非裔美国青少年和西班牙裔美国青少年在此期间接受心理健康问题专业帮助的可能性要低得多。

性别

与种族相比，性别对青少年自杀行为的影响似乎更大。研究发现，性别与自杀行为之间存在强烈而矛盾的关系(Canetto & Sakinofsky，1998)。具体来说，尽管青春期女性报告的自杀意念比青春期男性多很多，同时自杀未遂是男性的 2～3 倍，但男性自杀发生率是女性的 5 倍(Berman et al.，2006)。这种性别矛盾也出现在不同种族中(Joe et al.，2008)。与女性相比，年轻男性自杀率更高的可信原因包括，男性中存在的自杀风险因素比女性更多(例如枪支滥用、酒精成瘾)，男性比女性更少采取保护行为，例如不擅

> 尽管青春期女性报告的自杀意念比青春期男性多很多，同时自杀未遂是男性的 2～3 倍，但男性自杀发生率是女性的 5 倍。

长寻求帮助，未能充分理解预警信号，没有习得灵活的应对技巧，暂未发展出有效的社会支持系统(Maris，Berman，& Silverman，2000)。

年龄

随着年龄的增长,男生和女生自杀的概率都会增大。例如,15 岁及以上的青少年自杀的风险比 10～14 岁的儿童青

> 随着年龄的增长,自杀风险会增大,青少年比儿童自杀风险更高。

少年高得多,10～14 岁的儿童青少年自杀的风险比 10 岁以下的儿童更高(Berman et al.,2006)。联系到具体情况,2006 年疾病控制与预防中心报告,15～19 岁青少年的自杀死亡率大约是 10～14 岁儿童青少年的 7 倍。更具体地说,2006 年美国 15～19 岁青少年中有 1 565 人自杀死亡,而 10～14 岁儿童青少年自杀死亡人数为 216 人。最近观察到,10～14 岁儿童青少年自杀率呈下降趋势,尽管这个年龄段的自杀率(和其他年龄段一样)明显高于先前世代的水平。例如,1981—2004 年,10～14 岁儿童青少年的自杀率上升了 51%(American Association of Suicidology,2006)。

10 岁以下儿童中确实发生过自杀行为,甚至有记录在案的学龄前儿童自杀行为。例如,罗森塔尔夫妇(Rosenthal & Rosenthal,1984)确定了 16 名年龄为 2～5 岁的学龄前儿童,他们有过非致命的自杀未遂。过去,精神卫生专家普遍认为,儿童不应该被视为有自杀倾向,因为他们不可能理解和概念化死亡的终结(Pfeffer,2003)。然而,对儿童行为的直接观察表明,自我毁灭的行为可能发生在幼儿中,3 岁的儿童就可能有死亡的概念,而且在对死亡有成熟的认识之前,儿童就可能有实施自杀行为的意图(Pfeffer,

1986)。然而，一般情况下，10 岁以下儿童的自杀罕见，每年通常只有极少数的案例。当这个年龄段的儿童自杀时，原因通常与儿童家庭系统中严重的功能障碍和心理病理有关。

总而言之，自杀可能发生在儿童身上，但更有可能发生在青少年身上，特别是 15～19 岁的青少年。然而，这一发现不应被解释为最小化或贬低为中小学生设计的学校自杀预防措施的必要性。首先，在本书后面将会看到，青少年自杀的许多风险因素在儿童时期就会发展起来，在中小学有效地处理这些风险因素可能会降低他们之后自杀的风险。其次，如前所述，自杀行为是一个比自杀死亡（狭义的自杀）更宽泛的概念，包括自杀意念、自杀表达和自杀未遂。这些行为都有在中小学生身上发生，使他们在青春期和成年期自杀的风险增加。因此，所有阶段（小学、初中和高中）的学校工作人员都要认识到儿童青少年自杀行为的危害，探讨如何有效地预防、评估和应对自杀行为，这一点至关重要。

性取向

人们经常认为，同性恋青少年面临比异性恋青少年更高的自杀风险。早期支持这一论点的研究因为在报告性取向或性行为时可能不准确（Hendin et al.，2005），以及缺乏针对男女同性恋人群的准确的青少年自杀率统计，所以在方法论上受到批评（Berman et al.，2006；Lieberman et al.，2008）。然而，有越来越多的证据表明，与异性恋同龄人相比，女同性恋、男同性恋和双性恋青少年的自杀行为风险更高（Jacob，2009）。例如，根据美国国家青少年健康纵向研究(National Longitudinal Study of Adolescent Health)的数据,最近的一项研究发现,女同性恋、男同性恋和双性恋青少年与非女同性恋、男同性恋和双性恋青少年相比会报告更多的自杀意念(17.2%:6.3%)和自杀尝试(4.9%:1.6%)(Silenzio, Pena, Duberstein, Cerel, & Knox, 2007)。然而,目前还没有专门将自杀死亡与同性恋取向联系起来的数据(Berman et al., 2006)。

"跨性别者"(transgender)这个词形容那些自我认同或表达"超越既定性别分类或界限"的个体(Grossman & D'Augelli, 2007, p. 528)。目前,关于跨性别者自杀行为的资料非常少。在首次发表的一项关于该群体青少年自杀行为的研究中,要求 55 名 15～21 岁的跨性别青少年报告他们危及生命的行为。研究结果表明,近一半的青少年报告有严重的自杀意念,四分之一报告有过自杀未遂(Grossman & D'Augelli, 2007)。一般来说,拥有性少数身份,可能会增加自杀行为的风险,尤其是自杀意念或自杀未遂的风险。

地理环境

与成年人一样,美国西部各州和阿拉斯加州的青少年自杀率最高,东北部各州的自杀率最低(Berman et al., 2006;Gould & Kramer, 2001)。例如,2006 年怀俄明州的自杀率在全美各年龄组中都是最高的。在阿拉斯加州、北达科他州、南达科他

> 美国西部各州和阿拉斯加州的青少年自杀率最高,东北部各州的自杀率最低。

州、新墨西哥州、蒙大拿州、内华达州、亚利桑那州、科罗拉多州、怀俄明州、内布拉斯加州、俄勒冈州和爱达荷州生活的 15～24 岁青少年自杀率特别高。所有这些州都位于密西西比河以西，大部分属于美国西部地区。同一时期，这一年龄段青少年自杀率相对较低的 5 个州是佛蒙特州、马萨诸塞州、纽约州、新泽西州、罗得岛州，它们都位于美国东北部。

有人认为，西部各州的自杀率相对更高，部分原因是美国其他地区（例如东北部）比西部各州人口密度更大（Berman et al.，2006）。美国西部的许多州人口稀少，关系疏离，心理健康服务较少，社会交往机会有限，可能会导致更大的社会分离，而社会分离可能与自杀高度相关（Joiner，2005）。与此假设一致的是，美国农村地区自杀率通常高于城市地区（Berman et al.，2006）。乔伊纳（Joiner，2005）认为，西部许多州和农村地区的个体（特别是男性）生活在一种"荣誉文化"（p. 99）的社会风气中，其特征是使用暴力来保护自己的声誉，这可能会导致自杀行为的增加。许多西方国家和农村地区重视狩猎文化，居民普遍拥有枪支，这可能也是这些地区自杀率较高的一个因素。

社会经济地位

关于社会经济地位（socioeconomic status，SES）的影响和自杀行为的研究被描述为"混乱和矛盾的"（Berman et al.，2006，p. 31）。尽管在任何社会经济水平都会发生自杀，但研究通常表明，美国和其他国家的自杀率与社会经济地位呈负相关（Stack，

2000；Ying & Chang，2009）。也就是说，个体在经济上的匮乏与自杀行为风险的增加有关。目前，缺乏对青少年社会经济地位和自杀行为的研究，但有研究考察了自杀死亡的超过 20 000 名丹麦青少年的社会经济地位差异，结果发现，社会经济地位属于最低25％水平的人群的自杀风险是相对富裕的同龄群体的 5 倍多（Qin，Agerbo，& Mortenson，2003）。

青少年自杀的常见误解

一般来说，关于自杀有很多误解，特别是青少年自杀［关于这个话题的更多信息，读者可以参阅乔伊纳（Joiner，2010）的文章］。关于青少年自杀最

> 关于青少年自杀最重要和最危险的误解也许是，与青少年探究和谈论自杀话题，会增加他们自杀的可能性。

重要和最危险的误解也许是，与青少年探究和谈论自杀话题，会增加他们自杀的可能性（Kalafat，2003）。事实上，研究表明，能够与可信任的成年人公开、坦率地讨论自杀话题的青少年通常会有更多有益结果，其同伴也可能受益（Mazza，2006）。此外，直接询问有可能参与自杀行为的青少年是自杀风险评估的一个有效且重要部分（Miller & McConaughy，2005），第五章将详细探讨这一主题。

第二个误解是，父母/看护者能够意识到孩子的自杀行为（Mazza，2006）。一项研究发现，86％的父母没有意识到孩子的自杀行为，包括自杀未遂（Kashani，Goddard，& Reid，1989）。

这说明青少年通常不会向父母/看护者表达他们的自杀想法或行为，因此应当强调学校工作人员直接询问青少年自杀行为的必要性，而不是一味依赖父母或其他成年人提供这些信息（Miller & McConaughy，2005）。

第三个误解是，自杀未遂的青少年通常会得到医学治疗或其他形式的治疗（Mazza，2006）。遗憾的是，研究表明这通常不存在。例如，史密斯和克劳福德（Smith & Crawford，1986）发现，在313名自杀未遂的青少年中，只有12％的人接受了医学治疗，其余88％的人没有接受医学治疗。考虑到许多学龄青少年还没有到可以开车的法定年龄，还是未成年人，要想通过开车等方式去接受治疗，就需要向父母/看护者或年长的家庭成员告知其自杀行为，而大多数青少年似乎并没有采取这种措施（Mazza，2006）。

第四个误解是，大多数自杀死亡的青少年会留下自杀遗书（suicide notes，亦译"绝命书"）（Martin & Dixon，1986）。然而，加芬克尔等人（Garfinkel，Friese，& Hood，1982）发现，只有5％的儿童青少年在试图自杀之前写了自杀遗书。这一发现与其他研究结果一致：大多数自杀的人（包括儿童青少年和成年人）不会留下自杀遗书（Jamison，1999）。人们认为，青少年通常不写自杀遗书的主要原因之一是，他们不想向父母透露自己的想法或感受。他们可能认为，父母过于卷入他们的生活，而写自杀遗书只会增加父母干涉的可能性（Mazza，2006）。此外，在大多数情况下，自杀遗书并没有被特别展示，在自杀死亡的个体中，留下自杀遗书的人和没有留下自杀遗书的人通常并无明显区别（Callahan & Davis，2009）。

第五个误解是，有自杀倾向的人是冲动的，经常因为"突发奇想"而自杀死亡（Joiner，2010）。人们之所以普遍相信这一说法，是因为人们往往会在没有充分考虑或计划的情况下突然自杀未遂或自杀死亡。其实，事实与此相反。在大多数情况下，自杀未遂或自杀死亡的人都对自杀进行了大量思考，并制定了细致和具体的自杀计划。正如乔伊纳（Joiner，2010）所指出的，"自杀的人会提前数年考虑可能的方法和地点"（p. 75）。虽然某一具体的自杀行为可能被认为是突然的或冲动的行为，但情况通常并非如此。

关于青少年自杀其他常见的误解包括：认为它主要由家庭和社会压力引起，而不是心理健康问题或精神障碍（Moskos，Achilles，& Gray，2004）；谈论自杀的人只是因为这样做能得到关注，并不是在"认真"考虑自杀（Martin & Dixon，1986）；自杀的人是"疯子"或"不受大脑控制"；自杀是一种表达愤怒或复仇的方式；自杀行为会随月相发生周期性的变化，并在满月时达到高峰；一个人一旦决定自杀，几乎或根本无法阻止（Joiner，2010）。最后一个误解对预防自杀有特殊意义，因为其潜在的错误观念是，阻止个人自杀毫无意义，因为他们还会在另一时间自杀（自杀未遂或自杀死亡）。然而，研究表明，情况并非如此，下一章会详细讨论这一点。

青少年自杀：时间、地点、方式

青少年自杀最可能发生的时间

有几项研究探索了自杀的时间变化(Blachly & Fairly，1989；Lester，1979)，但迄今为止还没有专门针对青少年自杀时间变化的研究。研究表明，一般情况下，自杀发生的频率在一年中的不同月份比较相似，春天是高峰期。一个常见的误解是，12 月份自杀率会上升，尤其是在有许多节假日的时候(Joiner，2010)。然而，事实上，12 月份的自杀率比其他任何一个月都要低，这一发现与相关研究结果一致，即自杀率在重大节假日前后有所下降(Berman et al.，2006；Bradvik & Berglund，2003；Phillips & Feldman，1973)。这些日子自杀率下降的原因很可能是，节假日聚会增加了人们的社会互动和支持(Joiner，2010)。

研究人员还探讨了一周中的哪几天和一天中的什么时刻更可能发生自杀行为。一般来说，自杀事件在周一最常发生，在周末最不常发生(Bradvik & Berglund，2003)。这种变化的原因还不完全清楚，不过有一种可能性是，周末人们更有可能参加社交活动和令人愉快的活动，而这些活动往往在周一突然结束，人们要开始新一周的工作或学习。另一种假说由乔伊纳(Joiner，2010)提出，他认为自杀"是一项需要反思、计划和坚定决心的活动……周一自杀的人可能把周末时间用来积蓄意志做一件非常艰巨和困难的事情"(p. 266)。在一天的时间里，大多数青少年自杀发生在下午或晚上，而不是早上(Hoberman & Garfinkel，1988；Shafii & Shafii，

1982）。然而，由于目前可用的数据有限，而且死亡证明可能无法准确反映自杀发生的时间，因此应该谨慎解释青少年自杀的时间趋势（Berman et al.，2006）。

青少年自杀最可能发生的地点

关于这个话题的研究有限，但似乎大多数青少年自杀发生在他们居住的地方，自杀时通常使用枪支等作为主要手段（Berman et al.，2006；Hoberman & Garfinkel，1988）。大多数非致命的自杀未遂（包括吸食毒品等）通常发生在青少年家中（Berman et al.，2006）。在儿童青少年居住的地方发生的自杀和自杀未遂，要比在学校或其他地区发生的比例大得多。

青少年自杀最可能的方式

自杀行为的风险往往与自杀意图有关，自杀意图与个人尝试自杀的方法密切相关（Miller & Eckert，2009）。虽然有例外（例如，一个人可能有强烈的死亡意图，但使用低致命的方法自杀），但一般来说，自杀意图越强，所选自杀方法的潜在致命性越大（Berman et al.，2006）。举个例子，枪支和上吊通常比割腕、一氧化碳中毒或服用过量药物更致命。自杀方法的选择受到许多因素的影响，包括可获得性和使用准备，知识、经验和熟悉度，意义和文化象征，危机中的精神状态（Berman et al.，2006；Berman，Litman，& Diller，1989）。

大多数儿童青少年自杀未遂者采用的自杀方式往往致死率低，而且获救可能性很大（Garfinkel et al.，1982）。例如，对 469

名青少年自杀未遂者进行的研究发现，两种最常见的自杀方式是药物摄入过量（即吞药片）和割腕（Reynolds & Mazza，1993）。其他研究也发现了同样的结果，这表明许多青少年在选择自杀时表现出矛盾心理（Mazza，2006）。

在自杀死亡的 10～19 岁男性中，使用枪支是最常用的自杀方式。历史上在这个年龄段的女性中，使用枪支也是最常用的自杀方式。然而，2001—2004 年，年轻女性更有可能通过上吊/窒息而不是使用枪支自杀（Centers for Disease Control and Prevention，2007）。

最大的问题：青少年自杀的原因

最困难、最难以捉摸和最复杂的问题是：是什么让一些青少年实施自杀行为？为什么人们，特别是青少年自杀死亡？不幸的是，现在还没有，可能永远也不会有简单的答案来回答这些问题。可能有助于解释或预测青少年自杀行为的因素包括风险因素和警示信号（第四章将广泛讨论），但它们不能完全解释为什么个体会有自杀行为。事实上，没有哪个因素能完全解释为什么自杀，包括青少年为什么会自杀。想要全面了解青少年自杀行为的原因，需要敏感地观察

> 没有哪个因素能完全解释为什么自杀，包括青少年为什么会自杀。想要全面了解青少年自杀行为的原因，需要敏感地观察广泛而复杂的相关因素，包括遗传、神经生物学、社会、文化和心理影响等因素。

广泛而复杂的相关因素,包括遗传、神经生物学、社会、文化和心理影响等因素(Berman et al.,2006;Goldston et al.,2008)。对这些因素的详细讨论超出了本书的范围,我们建议有兴趣的读者阅读伯曼及其同事(Berman et al.,2006)合著的开创性著作,以获得关于这个主题的更多信息。

除了理解自杀行为是许多相互关联的因素共同作用的结果,学校工作人员还应该熟知一些比较重要的自杀行为理论,包括早期理论和现代理论。理论的主要功能是产生新思想和新发现,然后严格检验(Higgins,2004)。下面将简要概述这些理论(可参考Berman et al.,2006;Joiner,2005)。因为其全面性和越来越多的实证支持,自杀理论,特别是乔伊纳自杀行为的人际心理理论(Joiner,2005,2009),对学校自杀预防和干预有重要意义。

自杀行为的早期理论

有关自杀行为的最早的理论之一由法国社会学家涂尔干(Durkheim,1897)提出,该理论强调影响自杀行为的社会因素,至今仍有较大影响。涂尔干认为,对于自杀行为,社会因素比个人因素更重要,他关注整合社会因素和道德规则的重要性(Joiner,2005)。涂尔干的理论忽视了自杀行为包含的个人因素(例如基因、心理病理学因素),但他的理论得到实证研究支持,也是自杀行为的第一个可检验的综合性理论(Joiner,2005)。

尽管涂尔干的研究经常被认为是关于自杀主题的经典社会学陈述,但有人提出了自杀的其他社会学模型,以及试图研究可能导致自杀行为的社会和心理变量。例如,亨丁(Hendin,1987)的青少年自杀行为理论试图从流行病学和心理学的角度来解释自杀,莱斯特(Lester,1988)则提出青少年自杀行为的社会心理学观点,该观点试图把青少年自杀行为解释为生活质量的函数(即青少年自杀行为随生活质量变化)。

20世纪,更多自杀的心理学理论开始出现,最初精神分析理论占主导。最有影响的精神分析自杀理论由门宁格(Menninger,1933)提出,他在《对抗自己》(*Man against Himself*)(1938)一书中阐述和扩展了弗洛伊德的理论,同时增加了自己的观点(Berman et al.,2006)。自杀的心理动力学理论,包括众所周知的自杀主要是仇恨或愤怒转向个体内部的假说,由于缺乏实证证据,许多理论家和研究者都拒绝了该自杀理论(Joiner,2005)。

然而,现代自杀学家对精神分析理论观点的价值似乎存在分歧。例如,伯曼等人(Berman et al.,2006)指出,"无论过去和现在,传统精神分析对自杀理论的建立和人们对自杀现象的理解都作出巨大贡献"(pp. 54 – 55)。乔伊纳(Joiner,2005)指出,"很难想象这种(即精神分析)角度对理解自杀有持久的贡献"(p. 35)。虽然一些理论家提倡继续用心理动力学取向来理解自杀(例如,Hendin,1991),但这一理论框架的影响在最近几十年已经显著减弱。

在我看来,尽管理解自杀行为显然需要一个考虑多个变量的整体取向,但认知行为取向为自杀尤其是青少年自杀的概念化提供了一个有价值的、实用的理论模型。例如,拉德等人(Rudd, Joiner, & Rajab, 2001)为处理自杀行为提供了一个全面的认知行为取向,并坚信任何切实可行的干预取向都必须以理论概念模型为基础。拉德等人的模型整合人格的不同系统,并强调人格不同系统(如认知、情感、行为模式和动机等图式)之间的相互作用,这一模型提供了理论与实践相结合的范例。

理论与实践之间的关系很重要,特别是对与自杀青少年打交道最频繁、最密切的学校心理健康专业人员。对他们来说,一个人对自杀行为(或任何其他心理或精神健康问题)的理论取向,决不仅仅是抽象的、不切实际的理论问题。相反,个人的理论取向为如何感知和概念化问题,进而解决问题提供了一个"透视镜"。用心理学家勒温(Kurt Lewin)的话说,"好的理论就是实用的理论"(Lewin, 1951, p. 169)。

自杀行为的现代理论

一个有用的理论是一致的、经济的、可检验的、可归纳的,而且可以解释先前已知的发现(Higgins, 2004)。新近的自杀行为理论比早期的自杀行为理论得到更多实证支持,并且通常为形成一致的预测和可检验的假设提供了一个有用可行的框架(Van Orden, Witte, Selby, Bender, & Joiner, 2008)。尽管自杀的发展模型(Emery, 1983)、家庭系统模型(Richman, 1986)和神经生物学模型(Mann, 1998)被陆续提出,但许多现代自杀理论从认知行为角度将其概念化,特别聚焦于形成和维持自杀行为的思维模式与认知[关于这些理论的现状和实证支持的更多信息，读者可以参考相关资料（Berman et al.，2006；Joiner et al.，2009；Van Orden et al.，2008）]。

例如，贝克及其同事（Beck et al.，1975，1989）提出自杀认知理论（cognitive theory of suicide），强调了绝望（hopelessness）的作用。他们认为，绝望是自杀的典型特征，而不是抑郁。这一观点得到一些研究的支持。贝克及其同事（Beck，1996；Beck，Rush，Shaw，& Emery，1979）多年来一直强调错误认知（cognitive error）和扭曲思维（distorted thinking）在自杀行为中的重要作用。贝克关于认知三位一体的概念（对自己、他人和未来的消极想法）是其抑郁认知理论的核心组成部分，对理解个体自杀和干预个体自杀有独特而重要的意义（Berman et al.，2006）。

英国心理学家威廉姆斯（Mark Williams）也从认知角度来看待自杀行为。在讨论自杀意念和自杀未遂时，威廉姆斯（Williams，2001）认为，虽然自杀通常被许多人视为"哭喊呼救"（cry for help），但将其视为"痛苦的呼喊"（cry of pain）更为准确。正如威廉姆斯（Williams，2001）所指出的：

> 许多人将哭喊呼救误解为缺乏真诚，其实更适合（将自杀行为）看作痛苦的呼喊。自杀行为可以在没有沟通动机的情况下产生沟通结果。这种行为是由个体感到被困住的情况引发的……在少数情况下，自杀行为可能是明显的沟通行为，但

主要由个体无法应对的痛苦"引发"——它首先是痛苦的呼喊,随之才是哭喊呼救。(p. 148)

美国自杀学会(American Association of Suicidology,AAS)的创立者施奈德曼(Edwin S. Shneidman,一位有影响的自杀理论专家)认为,痛苦经历也在自杀中起着主要作用。施奈德曼(Shneidman,1985,1996)假设,个体有自杀行为是因为严重的、难以忍受的心理痛苦,他称之为"心理疼痛"(psychache),这由心理需求得不到满足造成。施奈德曼指出,尽管只有一小部分经历过心理痛苦的人自杀死亡,但所有自杀死亡的人在死亡前都经历过心理痛苦。他相信,心理痛苦是自杀发生的必要而非充分条件,自杀还需要其他致命因素。施奈德曼(Shneidman,1996)说,"当心理痛苦被认为无法忍受,个体主动寻求死亡以阻止不断流动的痛苦意识时,自杀便发生了"(p. 13)。

与施奈德曼一样,鲍迈斯特(Baumeister,1990)的自杀行为逃逸理论(escape theory of suicidal behavior)也假设,精神痛苦或心理痛苦是自杀行为的一个关键因素,然而鲍迈斯特对自杀行为的概念化更强调厌恶性自我意识的作用。根据鲍迈斯特的说法,出现自杀行为会经历以下几个步骤。首先,个体会体验到现实与期望之间的严重落差。一旦发生这种情况,高水平的厌恶性自我意识就会发展并导致消极的情绪体验。为了摆脱消极情绪和厌恶性自我意识体验,个体会退回到一种称为"认知解构"的状态。在这种状态下，个体的情绪和自我意识方面本质上变得"麻木"，抑制和冲动控制减弱，从而增加了自杀风险。

逃避消极、厌恶的情绪是鲍迈斯特理论的重要组成部分，莱恩汉（Linehan，1993）的自杀行为情绪失调理论（emotional dysregulation theory of suicidal behavior）的主要风险因素与之类似。莱恩汉的理论假设，自杀由情绪失调引起，而情绪失调是由生物倾向和不利环境（例如虐待儿童）共同影响发展而来的。莱恩汉在治疗边缘型人格障碍和自我伤害个体的基础上发展出她的最初理论。莱恩汉认为，当个体通常的情绪调节机制崩溃或没有得到充分发展时，自我伤害就是调节情绪的适应不良尝试的一个主要例证。辩证行为疗法是一种源自莱恩汉理论的认知行为疗法，已应用于自杀青少年的治疗（Miller，Rathus，& Linchan，2007），第六章将详细讨论。

乔伊纳自杀行为的人际心理理论

乔伊纳自杀行为的人际心理理论（interpersonal-psychological theory of suicidal behavior）（Joiner，2005，2009；Joiner et al.，2009）因其综合性和获得实证支持，近年来受到广泛关注。更重要的是，它对预防青少年自杀行为、开展自杀风险评估，以及干预青少年自杀具有有用的实际意义。因此，本章将详细阐述该理论，后续各章还将讨论其意义。

乔伊纳的自杀行为理论并不是想取代贝克和施奈德曼等人的理论，而是要在他们理论的基础上，结合其长处，发展为内涵更宽泛和概念更清晰的理论（Joiner，2005）。例如，人们接受贝克的观点，即绝望是导致自杀的关键变量，那么"自杀者对什么感到特别绝望？如果绝望是关键变量，那么为什么绝望之人很少自杀死亡？"（Joiner，2005，p. 39）考虑到施奈德曼（Shneidman，1985，1996）不能明确指出一个自杀的人正在经历什么样的心理痛苦，或者是什么导致心理痛苦，他的自杀心理痛苦理论也存在问题。贝克和施奈德曼都没有充分阐明为什么有些人因绝望或心理痛苦而自杀死亡，但许多人不会自杀。

乔伊纳（Joiner，2009）认为，人们（包括儿童青少年）自杀死亡主要是"既因为他们可以做到，也因为他们想这样做"（p. 244）。换句话说，如果个体既有自杀能力，又有自杀愿望，那么他们有更大的自杀风险。考虑到进化力量是促进自我保护，避免自我毁灭，一个人是如何能够自杀的？乔伊纳及其同事（Joiner et al.，2009）认为，通过考虑"经过片刻的思考，什么东西显而易见，却在过去的工作中被忽略，就可以找到这个问题的答案，即致命的自我伤害与如此之多的恐惧

> 人们自杀死亡主要是因为他们既有能力，也想这样做。换句话说，如果一个人既有自杀能力，又有自杀愿望，那么他有更大的自杀风险。

和/或痛苦联系在一起，以至于很少有人能够做到……这一事实甚至适用于大多数有自杀想法和愿望的人"（p. 4）。

根据乔伊纳的理论，能够自杀的人是经历了足够多的痛苦和激怒（尤其是故意自我伤害）的人，他们已经习惯与死亡相关的恐

惧和痛苦,因此自我保护的本能被改变。虽然不能完全消除自我保护本能,但能严重削弱它,特别是通过经常暴露在痛苦和恐惧中,并最终习惯。此外,尽管曾经的自我伤害(尤其是伴随死亡意图)是最强的习惯化体验,可减少对未来自我伤害事件的恐惧和痛苦,但它并不是唯一能起到这种作用的体验。

在不同程度上,任何引起恐惧和/或痛苦的经历,例如受伤、事故、暴力(受害者、犯罪者或目击者)、"鲁莽"行为,都可以有效地使一个人对死亡恐惧习惯化,就像一名跳伞者反复从飞机上跳下来后克服了恐惧。乔伊纳的理论表明,频繁遭受痛苦和/或被激怒的个体最终对痛苦习惯化,从而克服对死亡的恐惧。这一理论至少在一定程度上有助于解释,为什么医生、警察和军人等职业的自杀率高于其他许多职业。医生、警察和军人等职业的共同之处在于,经常暴露于身体痛苦或激怒经历,最终可能对其习惯化(Joiner,2005)。

乔伊纳及其同事(Joiner et al.,2009)补充,获得实施自杀的能力需要时间和练习,实际上很难获得。事实上,有充足的证据表明,杀害他人或自己往往是一项非常困难的任务。格罗斯曼(Grossman,1995)指出,物种内部的争斗往往是非致命的,包括人类争斗。例如,战场上的士兵在开枪速度飞快的情况下,仍经常错失杀死对方的"良机"。格罗斯曼引用了 1863 年美国南北战争维克斯堡(Vicksburg)战役的一个目击者的话,"一个连队能向同样数量的人连续扫射,距离不超过 5 步,却没有一人伤亡,这似乎很奇怪。然而,这就是事实"(p. 11)。本能地禁止杀害自己的同类似乎也可以延伸到自杀。尽管针对高度脆弱部位的高致命性手段(例如用枪瞄准头部并扣动扳机)很可能导致快速死亡,但许多自杀的人已认识到,无论从身体上还是心理上,自我毁灭行为极其困难。

鲁尼恩(Runyon,2004)描述了自杀的生理困难,14 岁时他把汽油浇在自己身上,然后放火自焚,结果自杀未遂。在那次自杀未遂之前,他还有过几次自杀未遂。正如他所描述的:

> 我不知道为什么我试图自杀的所有方法都没成功。我是说,我试过上吊。我以前将绳套拴在衣橱的杆上。我会走进去,快速把绳子套在我的头上。但每次我开始失去意识时,我就会站起来。一个下午,我试过吃药。我吃了 20 片安非他命,但那只是让我昏昏欲睡。每次我都想割腕,但我切得不够深。这就是问题所在,不管你做什么,你的身体都会让你活下去。(p. 13)

以下这段话说明了自杀的心理困难,克尼普费尔(Knipfel,2000)推测为什么他多次自杀未遂:

> 很明显,懦弱使我无法一往无前。我从来没有成功过,因为我没有勇气……不管我怎么努力,都没有用。我从楼梯上摔

下来，喝漂白剂，割腕，走到公共汽车前，都没用。(pp.13，33)

　　有一种普遍的观念是，自杀是一种懦弱的行为。亨特(Tom Hunt)是《绝望悬崖》(*Cliffs of Despair*)(2006)一书的作者，他采访了一位多年来一直在一个团队工作的男子，该团队负责寻找从英国比奇角(Beachy Head)海边悬崖跳下的自杀者的尸体。当问该男子是否认为从比奇角跳下需要勇气时，他回答说这是"懦夫摆脱困境的出路"。他接着补充，"要真正面对生活，面对问题，面对抑郁或其他情况，需要更多勇气。与之相比，从某种程度上说，他们走到这一步是相对容易的选择"(p. 115)。虽然这一观点似乎被广泛接受，但事实仍然是，自杀死亡并不是一种懦弱的行为，而是需要极大决心和勇气的行为。从这个意义上说，自杀死亡通常需要付出极大努力，并成功克服求生本能(Joiner，2005)。

　　然而，有自杀致死的能力并不一定意味着有自杀愿望。例如，受过武术训练的人有能力对他人造成身体伤害，但除了在自卫的情况下，他们没有这样做的愿望，因此通常不会表现出攻击性行为(Joiner，2009)。同样，根据乔伊纳的理论，有自杀致死的能力是自杀发生的必要条件，但不是充分条件。除了自杀能力，自杀愿望也是必需的。

　　什么构成自杀愿望(suicidal desire)？乔伊纳假设，一个人要想自杀，必须经历两种同时发生的、与人际相关的心理状态：感知累赘感和归属感受挫。感知累赘感(perceived burdensomeness)

是指相信个人的存在对他人，如家庭、朋友或整个社会来说是一种负担（Joiner et al.，2009）。应用于儿童青少年时，感知累赘感的概念也可能包含可替代性和无用性的感知（Joiner，2005）。也就是说，认为自己是可有可无的和/或无用的，儿童青少年往往认为自己是家庭或周围环境中其他人的负担。本质上，他们认为自己的死亡比生命更有价值。

对感知累赘感的理解是破除自杀是"自私"行为这一普遍误解的一味良方（Jamison，1999；Joiner，2010），从自杀是"自私"行为这个方面来说，自杀的人是自私的，他们无视家人和朋友将因他们的自杀而崩溃。然而，从自杀者的角度来看，与其将他们的自杀看作一种"自私"的行为，不如说是一种"有益"的行为，因为自己的离去将会给家人和朋友减轻负担，使他们生活更好。重要的是要认识到，这种观点在许多自杀者中很常见，它代表了一种严重的、潜在的危及生命的误解，这种误解可能导致致命的后果（Joiner，2009）。

贾米森（Kay Redfield Jamison）是双相情感障碍和自杀领域公认的权威人物，她对上述现象有第一手的了解。正如她在《黑暗降临：理解自杀》（*Night Falls Fast: Understanding Suicide*）（1999）一书中所描述的：

早在几年前，我就曾试图自杀，险些丧命于此，但我不认为这是一件自私或不自私的事情。这仅仅是我所能忍受的一切的结果，最后一个下午我不得不想象第二天早上醒来，却只能带着一颗沉重的头脑和黑色的想象重新开始，这是一种严重疾病的最终结果，在我看来，这种疾病永远无法治愈。再多的爱，无论来自他人的还是给予他人的（其实有很多）也无济于事。有爱心的家庭和出色的工作不足以克服我感受到的痛苦和绝望；激情或浪漫的爱情，无论多么强烈，都不会有什么作用。我知道我的生活一团糟，我相信（不容置疑），没有我，我的家人、朋友和患者会过得更好。反正我已经没有什么了，我想我的死会让人们不再继续在我身上浪费精力和善意的努力。（p. 291）

类似地，贾米森（Jamison，1999）引用了一位年轻化学家的话，据推测该化学家在自杀死亡前的遗书中写道：

> 自杀对亲朋好友来说是否自私，我无法回答这个问题，我甚至无法给出判断。不过，我已经思考过并决定死去比活着对他们的伤害更小。（p. 292）

与乔伊纳的理论一致，也和其他有自杀行为史的人一样，贾米森和上述化学家都不认为他们想死的愿望是一种自私的冲动，相反，他们似乎都认为自杀是对他们情感痛苦的合理反应，也是减轻他们自认为给他人带来的负担的一种方式。

乔伊纳认为，感知累赘感是发展出自杀愿望的必要条件，但并不认为是充分条件。除了感知累赘感，归属感受挫也是自杀的一个必要条件。归属感受挫（failed belongingness）指"与他人疏远，没有成为家庭、朋友圈或其他自己看重的群体中的一员"（Joiner，2009，p. 245）。它大致与孤独（loneliness）和社会疏离（social alienation）同义，但并不等同（Joiner et al.，2009）。与感知累赘感一样，归属感受挫是一种感知状态。例如，一个自杀的青少年可能有很多朋友，但如果这个青少年不将其视为事实，反而认为自己社会孤立，不属于社会的一员，自杀的风险就会增加。当个体同时体验到感知累赘感和归属感受挫时，乔伊纳（Joiner，2009）断言"死亡愿望的形成是因为感到没有什么好活的"（p. 245）。

简单总结乔伊纳的理论，为什么人（包括儿童青少年）会死于自杀，因为他们既有能力，也有愿望这样做。谁有自杀能力？通过习惯化获得实施致命自我伤害能力的人。谁有自杀愿望？认为自己是他人（如家庭成员、朋友）的负担，不属于自己看重的群体或关系的人（Joiner，2009）。

与本章提出的其他理论一样，对乔伊纳自杀行为理论的全面讨论超出了本书的范围。读者如果有兴趣进一步了解自杀行为的人际心理理论的评述、实证及逸事支持证据，推荐阅读乔伊纳及其同事的论文和著作（Joiner，2005，2009；Joiner et al.，2009）。

减轻自杀青少年痛苦的重要性

本章描述的所有现代理论都有一个共同主题，即强调心理疼痛和痛苦是造成自杀行为的主要原因。然而，虽然许多理论家经常使用"疼痛"（pain）和"痛苦"（suffering）这两个词，并将其解释为同义词，但它们并不相同，实际上它们之间存在重要的区别。例如，卡巴特-津恩（Kabat-Zinn，1990）将疼痛和痛苦区分为：

> 疼痛是生活经验的自然部分。痛苦是对疼痛的众多可能反应中的一种。痛苦可以来自身体或情感的疼痛。痛苦涉及我们的想法和情感，以及它们如何构建我们经验的意义。痛苦也完全是自然的。事实上，人类的处境常被说成是不可避免的痛苦。但重要的是，要记住痛苦只是对疼痛经历的一种反应……并不总是疼痛本身，我们对疼痛的看法和反应决定了我们将要感受到的痛苦程度。我们最害怕的是感受到痛苦，而不是疼痛本身。（pp. 285 - 286）

同样，正如德梅洛（DeMello，1998）所指出的，重要的是要认识到，情感痛苦往往是各种认知变量的结果。

> 是什么导致痛苦？心理活动建构我们的思想。有时大脑平静，一切皆好。但有时它开始运转，发展佛陀所说的念想建构。它开始进行判断、评价，出现各种不同的想法。大脑以一种评价事物、判断人和事的方式运转。痛苦是评价、判断和心理建构的结果。（p. 94）

学校工作人员,特别是学校心理健康专业人员应该认识到减轻心理和情感痛苦的重要性,以预防和干预青少年自杀行为。

> 考虑自杀或企图自杀的人往往并不想死,他们只是希望结束自己的痛苦。

事实上,一个关键的问题是,考虑自杀或企图自杀的人往往并不想死,他们只是希望结束自己的痛苦(Shneidman,1996)。换句话说,自杀的人,包括有自杀倾向的青少年,他们的死亡动机往往没有他们渴望逃离自认为无法忍受的处境的动机那么强烈(Williams,2001)。对许多有自杀倾向的儿童青少年来说,他们为减少或结束其痛苦所作的多次和各种努力都没有成功。因此,他们可能认为死亡是实现这一目标的唯一可行的选择。有自杀倾向的人往往在寻求对"长期的、强烈的和未缓解的"痛苦的解脱(Jamison,1999, p. 24)。对自杀青少年来说,这种痛苦的体验程度之深,最终感到无法忍受。

尽管心理疼痛和随之而来的痛苦不足以导致自杀行为,但死亡愿望和潜在的致命自我伤害能力结合在一起,自杀的风险可能会显著增加(Joiner,2005)。虽然学校工作人员在为自杀青少年提供治疗方面可能不起主要作用,但他们显然可以而且应该是这一过程的重要组成部分。学校工作人员可以参与具体实践,以防止青少年自杀行为,并在自杀发生时作出有效反应,这些内容将在本书后续各章讨论。

本章结语

青少年自杀行为是美国乃至全世界一个重大的公共卫生问

题。尽管儿童青少年自杀率随时间而波动，但近几十年来自杀人数大幅增加，这一趋势很可能会持续。本章给出了自杀行为的定义，以及自杀青少年的基本人口统计学信息，以便将这一重大问题置于适当的背景下讨论。本章还介绍了青少年自杀最常发生的时间、地点和方式的信息，简要概述了一些重要的自杀行为理论。这些理论试图解释人们（尤其是儿童青少年）为什么自杀死亡。特别强调了乔伊纳自杀行为的人际心理理论，因为它对自杀预防、评估和干预有着明确的和实际的意义，这些主题将在后续各章进一步广泛讨论。不过，重要的是，先要更好地了解学校和学校工作人员在预防青少年自杀方面的作用，包括法律责任和伦理责任。为此，第二章将阐述这些重要议题。

第二章

青少年自杀行为和学校

学校是社区组织，对青少年的教育和社会化负有首要责任，学校环境有可能减少风险行为的发生，识别有潜在自杀风险的个体并为其提供安全帮助。

——约翰·卡拉法特（John Kalafat）

学校工作人员需要提出一个非常现实和实际的问题，即学校系统在自杀方面的道德和法律责任。

——斯科特·波伦（Scott Poland）

拯救生命是一个组织或个人最崇高的目标。

——吉恩·加什（Gene Gash）

青少年自杀行为问题非常普遍和严重，而且青少年的大部分时间在学校，因此人们往往认为，学校在青少年自杀预防工作中发挥重要作用。例如，在《青少年自杀：评估和干预》（*Adolescent Suicide: Assessment and Intervention*）（2006）一书中，伯曼（Alan

L. Berman）、乔布斯（David A. Jobes）和西尔弗曼（Morton M. Silverman）向读者指出：

> 想象自己出席一个关于青少年自杀的研讨会，研讨会是为了回应媒体有关青少年自杀率惊人增长的报道。一个由著名发言人组成的跨学科专家组已经收集了对这个问题的看法和解释，并对解决问题提出了建议。专家组关注到压力源来自学校和时代的激烈竞争。一些专家认为，青少年自杀是一个全球性问题，另一些则质疑官方统计数据的有效性和充分性，还有一些专家批评了新闻报道中"博关注"的现象。专家对自杀的集体性、暗示性、模仿性以及枪支的可得性表达了担忧，提出了各种干预和预防策略，并指出教育系统具有独特的定位，可以在预防中发挥关键作用。（p. 21）

学校心理健康专业人士，包括学校心理学家、学校咨询师或学校社会工作者，都可以想象参加任何专业会议都会有这样一场研讨会。然而，有趣的是，前面描述的研讨会发生在 1910 年，研讨会主席是弗洛伊德（Sigmund Freud），这是维也纳精神分析学会的最后一次会议，由弗洛伊德主持，每周三晚上在其客厅举行，成员包括荣格（Carl Jung）和阿德勒（Alfred Adler）等人（Berman et al.，2006）。我们今天的议题与一个多世纪前就已讨论的议题类似，这提醒我们：青少年自杀议题并不新鲜，在很长一段时间里，它一直困扰着人们（Berman，2009）。

学校的自杀预防

20 世纪下半叶，美国和其他国家青少年自杀率大幅上升，令人不安，这使学校自杀预防项目不断发展。20 世纪 80 年代，美国开始出现第一批试图检验和评估自杀预防项目的研究及文献综述（例如，Ashworth，Spirito，Colella，& Benedict-Drew，1986；Nelson，1987；Overholser，Hemstreet，Spirito，& Vyse，1989；Ross，1980；Spirito，Overholser，Ashworth，Morgan，& Benedict-Drew，1988），并在 20 世纪 90 年代（例如，Ciffone，1993；Eggert，Thompson，Herring，& Nicholas，1995；Garland & Zigler，1993；Kalafat & Elias，1994；Klingman & Hochdorf，1993；LaFromboise & Howard-Pitney，1995；Mazza，1997；Miller & DuPaul，1996；Orbach & Bar-Joseph，1993；Reynolds & Mazza，1994；Shaffer，Garland，Vieland，Underwood，& Busner，1991；Shaffer et al.，1990；Zenere & Lazarus，1997）和 21 世纪的前十年里变得更加普遍（例如，Aseltine & DeMartino，2004；Ciffone，2007；Kalafat，2003；Mazza，2006；Mazza & Reynolds，2008；Miller，Eckert，& Mazza，2009；Randall，Eggert，& Pike，2001；Zenere & Lazarus，2009）。

学校自杀预防项目始于 20 世纪 70 年代，80 年代迅速发展。加兰等人（Garland，Shaffer，& Whittle，1989）对这些项目进行了全国调查，实施项目的学校数量从 1984 年的 789 所上升到 1986 年的 1 709 所。到 20 世纪 90 年代，人们对这些项目的兴趣减弱了一段时间后，联邦政府的行动再次引发人们对这些项目的兴趣，比如美国卫生局局长的《预防自杀行动呼吁》（*Call to Action to Prevent Suicide*）（U. S. Department of Health and Human Services，1999）。

早些时候，第一代学校自杀预防项目（如 20 世纪 80 年代发表的许多研究项目）因没有聚焦于研究对象和研究目标而遭到批评（Kalafat，2003）。对这些项目的另一个批评（实际上可能削弱了项目的有效性）是，发现大多数学生信息化项目似乎采纳所谓的自杀行为压力模型（stress model of suicidal behavior）（Garland et al.，1989）。这个模型的意图虽好，但提出的有关青少年自杀行为的观点不准确且存在曲解。具体地说，自杀被描述为"对大量或极端压力的一种反应"，忽略了大量研究已表明，青少年自杀和自杀行为与心理疾病或心理病理学密切相关（Mazza，1997，p. 390）。

自杀行为压力模型也因"正常化"自杀和自杀行为而受到批评，它暗示只要压力足够大，任何人都可能自杀（Mazza，1997；Miller & DuPaul，1996）。自杀预防项目中采用压力模型的项目负责人表示，他们担心将自杀和心理问题关联起来，可能会使青少年丧失透露自己或同伴自杀行为的勇气，因此他们避免使用心理疾病模型（Garland et al.，1989）。然而，谢弗等人（Shaffer，Garland，

Gould，Fisher，& Trautman，1988）却持相反的立场。他们认为，如果将自杀"正常化"，压力模型可能使自杀在学生中成为一种更容易接受的行为。他们还认为，对潜在的自杀青少年来说，强调自杀与心理疾病之间的关系，会使自杀作为问题解决方法的吸引力下降。最后，他们对文献的回顾表明，信息化项目似乎对最有可能自杀的学生并没有好处。谢弗等人当时建议"暂停"某些自杀预防项目，引起了对这些项目可能产生的意想不到的副作用的重大争议和讨论。

　　第二代学校自杀预防项目通常为学生提供了更为准确的信息，即自杀不是压力所致，而是严重的心理健康问题（最典型的是抑郁症）的产物。这些

> 第二代学校自杀预防项目通常为学生提供了更为准确的信息，即自杀不是压力所致，而是严重的心理健康问题（最典型的是抑郁症）的产物。

项目在更大程度上侧重于让学生作好准备，以有效应对危机中的同伴，获得成年人的帮助，并对增加学生知识以及指导学生协助处于困境中的同伴寻求帮助产生积极影响。然而，这些项目与之前或之后评估的大多数项目一样，通常没有具体考察预防项目对被认为有自杀风险或高自杀风险的学生行为的影响效果。这些项目假设知识和态度的改变将引发行为的改变，但事实未必如此（Berman et al.，2006；Miller & DuPaul，1996）。

　　典型的学校自杀预防项目设置为一个以课程为基础、以课堂为中心的讲座讨论项目，通常在高中阶段开展，持续3～6节课（Goldsmith，

> 典型的学校自杀预防项目设置为一个以课程为基础、以课堂为中心的讲座讨论项目，通常在高中阶段开展，持续 3～6 节课。

Pellmar, Kleinman, & Bunney, 2002)。这些项目的目标通常包括提高对青少年自杀的认识，讨论和消除对自杀的各种误解和虚假信息，增加学生对自杀的风险因素和可能的警示信号的认识，改变对求助的态度，以及提供学校和社区援助资源的相关信息。许多项目还为学校工作人员提供类似的信息和守护者教育课程。有些项目还在课程中增加一些内容，如教授学生解决问题和管理危机的技能（Berman et al.，2006）。过去几十年来，学校自杀预防项目日益增多，但这并不必然说明所有学校工作人员都赞成或支持这一发展。事实上，学校工作人员对学校自杀预防项目可能会有一些合理的问题。例如：学校自杀预防项目效果如何？为什么学校应该参与青少年自杀预防？这真的是学校的责任吗？

学校自杀预防项目的效果

本章前面提到，对学校自杀预防项目的评估是一个相对较新的发展。有研究者（Leenars et al.，2001）评述学校自杀预防项目的全球现状时指出，美国和加拿大位居"前列"。越来越多的国家在学校采用某种形式的自杀预防项目（如爱尔兰、立陶宛），包括几个世纪以来自杀一直是禁忌话题的日本。尽管如此，许多发展中国家并没有学校自杀预防项目（或者说任何形式的自杀预防项目），即使在发达国家（如日本、澳大利亚），学校自杀预防工作"才刚刚开始，……落后美国和加拿大约 20 年"（Leenars et al.，2001，p. 381）。

考虑到自杀预防项目的近况，评估项目有效性自然需要更多的研究。考察学校自杀预防项目有效性的研究越来越多，但数量仍然相对较少。此外，在已发表的研究中，大多数研究方法都存在严重问题，以致有些研究结论存在问题（Miller，Eckert，& Mazza，2009）。出于种种原因，这种研究本身也具有挑战性，包括一般学生群体中自杀的基础比率相对较低（当然，这是幸运的，但使研究这一课题更加困难）。

关于学校自杀预防，以及其中哪些部分对识别自杀青少年最有效，在识别出有自杀风险的青少年时如何有效应对并最终减少自杀行为，仍有许多需要了解的地方。撰写本书时，我和同事考察了最新的文献综述中自杀预防项目的有效性（Miller，Eckert，& Mazza，2009）。我们评估了 1987—2007 年发表的 13 项学校自杀预防项目的有效性。根据学校心理学循证干预程序和编码手册工作组的 8 项方法学指标分析所有研究（Kratochwill & Stoiber，2002）。每项研究都采用 4 级评分（即 0＝无证据；1＝证据薄弱；2＝有希望的证据；3＝证据充分）。综述发现，大多数已发表的研究都存在明显的方法学问题。例如，很少有研究显示出教育/临床意义上的有希望的证据，与统计学上显著的主要结果相关的可识别成分，以及项目实施的完整性（Miller，Eckert，&

Mazza，2009）。

我们究竟对学校自杀预防项目了解多少？我们实际上知道很多，知道哪些成分对预防自杀有用，哪些没有用，而且这些知识在不断积累。例如，我们知道向学生和学校工作人员提供信息，能够增加他们对青少年自杀行为的了解，从而增加转介给学校心理健康专业人员的学生数量（Mazza，1997；Miller & DuPaul，1996）。我们还知道，向学生提供有关青少年自杀行为的知识有助于改变他们对自杀行为的态度（Kalafat，2003），而且讨论可能的自杀预警迹象并不会产生负面的和难以预料的后果，如增加消极情绪或起反作用，增加自杀行为（Rudd et al.，2006；Van Orden et al.，2006）。

我们知道，向学生提供有关自杀意识和干预的知识，教他们问题解决和应对技能，加强保护因素，同时减少风险因素，这些都可能会提高学生解决问题的能力，减轻自我报告的自杀易感性（Miller，Eckert，& Mazza，2009）。我们知道，有可靠的、有效的筛选和评估措施与方法（Goldston，2003；Gutierrez & Osman，2009；Reynolds，1991），它们可用于学校层面、班级层面或个人（Gutierrez & Osman，2008），可有效识别出有潜在自杀风险或高自杀风险的学生（Gutierrez & Osman，2008，2009）。此外，使用这些筛查手段不会增加学生自我报告的痛苦或自杀行为，不会出现人们担心的状况（Gould et al.，2005）。

我们也知道，一些学校自杀预防方法可能不会奏效。例如，一次性课程（如晨会演讲）既不能提供足够的时间和资源使之有效，也无机会监测所有学生对演讲内容的反馈。预防项目不应包括自杀行为的媒体报道，或者由自杀未遂的青少年作报告，研究表明这些措施可能会对某些脆弱的青少年产生反作用（与媒体打交道的议题和可能的传染效应将在第七章广泛讨论）。将预防项目外包，而不是发展现有学校工作人员的专业知识，无法增加可用的校本资源，故不推荐。实施有问题的项目（如缺乏治疗完整性），不管它们的质量或使用频率如何，可能不会对学生的行为产生积极影响。最后，应避免孤立的预防项目，因为它们过于简化青少年自杀行为的复杂性，在自杀预防中可能无效（Kalafat，2003）。

然而，我们对学校自杀预防项目的效果还知之甚少。最显而易见的也许是，需要研究来最终证明学校自杀预防项目能减少自杀行为，特别是其最极端的形式（例如，自杀未遂和自杀死亡）。但这并不是说我们在这方面没有证据。事实上，迈阿密—戴德县公立学区18年间收集的数据提供了一些令人信服的证据，证明学校自杀预防确实可以降低青少年自杀的发生率。

迈阿密—戴德县公立学区学校实施的自杀预防项目特别有意义，是专业文献中为数不多的学校自杀预防项目的一个特例，其提供证据表明学校自杀预防对减少自杀行为的长期作用，而不是简单地改变学生对自杀的认识和态度。此外，迈阿密—戴德县公立学区学校实施的自杀预防项目在其普遍性和区域性方面值得关注。

迈阿密—戴德县公立学区的自杀预防

迈阿密—戴德县公立学区位于佛罗里达州迈阿密，是全美第四大学区，为 392 所学校的 35 万多名学生提供服务。这个学区位于市区，学生组成高度多样化。超过 60％的学生是西班牙裔美国人，超过 25％的学生是非裔美国人，不到 10％的学生是欧裔美国人。1988 年，迈阿密—戴德县公立学区有 18 名学生自杀身亡。这些自杀事件引发的恐慌和关注成为制定全区自杀预防项目的动力，该项目于次年正式启动。预防项目包括多个层面的组成部分，自项目开始实施以来，这些组成部分已经按照需要进行了修改。有研究者（Zenere & Lazarus，1997）在 5 年的时间里研究了这个综合项目对自杀行为各个方面的影响，包括自杀意念、自杀未遂和自杀死亡。虽然在项目实施后学生的自杀意念没有明显减少，但自杀未遂和自杀死亡显著减少。

尽管有方法上的限制，但本案例研究提供了初步证据，证明学校自杀预防项目可以减少青少年自杀行为，包括其最严重的形式（即自杀未遂和自杀死亡）。这也是在最近的文献回顾中唯一一项在教育/临床意义（而不仅仅是统计学意义）上有充足证据的研究（Miller，Eckert，& Mazza，2009）。一项历时 18 年（1988—2006 年）的纵向研究表明，随着时间的推移，学生自杀未遂和自杀死亡的数量都持续下降（Zenere & Lazarus，2009）。

尽管迈阿密—戴德县公立学区是我知道的唯一一个收集并公布了其自杀预防项目对各种形式的青少年自杀行为的长期影响的

数据的学区,但它并不是唯一大规模实施自杀预防项目的大都市学区。洛杉矶联合学区包括 1 200 多所学校,为大约 85 万名学生提供服务,仅次于纽约市公立学校,在 20 世纪 80 年代开始实施青少年自杀预防项目。该项目由一名学校心理学家协调,他提供各种服务,包括培训学校工作人员了解自杀的风险因素和预警信号,提供咨询性的心理支持服务,培训危机干预团队,以及在自杀事件发生后提供事后干预(Lieberman et al.,2008)。

学校综合自杀预防项目的组成部分

伯曼及其同事(Berman et al.,2006)确定了学校综合自杀预防项目的七个组成部分:(1)早期识别和转介技能;(2)资源识别;(3)求助行为;(4)专业教育;(5)家长教育;(6)初级预防;(7)事后干预。

早期识别和转介技能是指,需要教授学生和学校工作人员自杀的风险因素和(特别是)可能的预警信号,以及如果怀疑学生可能有自杀倾向时他们应该做什么、在转介过程中应遵循什么程序。资源识别很必要,因为有效的转介要求学校有胜任的专业人员进行自杀风险评估,必要时社区有胜任的专业人员接受转介。可以评估社区资源、心理健康机构、精神病医院和私人执业医生的胜任力,以确保有潜在自杀风险或高自杀风险的学生可以被转介到专业人员处。应该清楚地告知学生学校能为他们提供的资源(Berman et al.,2006)。

> 当学校和社区对向自杀青少年提供的服务及其质量表示关注时，人们的意识就会增强，自杀去污名化的可能性就会更大。

资源识别对学生的一个附加好处是，它使求助行为这个理念更加规范。当学校和社区对向自杀青少年提供的服务及其质量表示关注时，人们的意识就会增强，自杀去污名化的可能性就会更大。其结果是，对利用资源的接受度可能会提高，学生对转介治疗的依从性甚至可能会增强。与资源识别有关的还有专业教育，从某种意义上说，学校工作人员有关青少年自杀教育的改进会促进学校对资源的识别（Berman et al.，2006）。

从广义上来看，如果学校的作用包括教育社区所有组成部分，那么对家长进行有关青少年自杀的教育也是学校自杀预防项目的重要组成部分。应

> 应向父母/看护者提供有关自杀风险因素和预警迹象的信息，与向学生和学校工作人员提供这类信息相似。

向父母/看护者提供有关自杀风险因素和预警迹象的信息，与向学生和学校工作人员提供这类信息相似。此外，鉴于大多数自杀青少年在家中用手枪自杀，可以向父母提供枪支管理和安全方面的拓展项目（Simon，2007），特别是对子女被认为有自杀风险或高自杀风险的父母（Berman et al.，2006）。

初级预防策略（本书将其描述为普遍性策略）可能是学校工作人员在预防自杀工作中"最有效和最具成本效益的"步骤（Berman

et al.，2006，p. 320）。伯曼及其同事建议，学校自杀预防项目可以通过教授行为技能来教授健康促进行为。他们建议这些项目从小学开始实施，在后续培训中加强，并将重点放在培养学生的适应技能和能力上。最后，他们建议，学校综合自杀预防项目应包含事后干预程序。正如伯曼及其同事（Berman et al.，2006）所界定的，不仅在学生自杀死亡时，而且在发生严重但非致命性自杀未遂时，都应遵循这些程序。例如，事后干预可用于以下情况：学生企图实施自杀，随之住了几天院，现在回到学校。

学校自杀预防除了采取综合的方法外，前面描述的组成部分的一个明显优势是，它们可以相对容易地实施。与其他全校范围的举措不同，如全校范围的积极行为支持，无论是财政经费还是学校工作人员的时间和精力，实施上述措施的成本并不是特别高。因此，一个综合的自杀预防项目可能比学校的其他项目更容易实施。然而，不能仅仅因为自杀预防项目实施起来可能不会太难（至少在逻辑上），就认为有充足的理由采用它。学校应该参与自杀预防还有很多更重要的原因。

学校为何要参与自杀预防

除了一些新证据表明学校自杀预防项目可能有效（例如，Kalafat，2003；Miller，Eckert，& Mazza，2009；Zenere & Lazarus，1997，2009），还有很多原因支持学校应该参与青少年自杀预防。第一，如前所述，鉴于儿童青少年在学校度过大量时间，教育机构

> 鉴于儿童青少年在学校度过大量时间，教育机构为重点开展自杀预防工作提供了理想场所。

> 学校工作人员有道德责任，应尽可能作出合理和适当的努力，防止青少年自杀，包括制定明确的政策和程序。

为重点开展自杀预防工作提供了理想场所。在学校，"学生注意力相对集中，教与学是规范性任务，可以围绕一个共同主题来激发同伴之间的互动"（Berman et al.，2006，p. 313）。第二，如下文将详细讨论的，学校工作人员有道德责任，应尽可能作出合理和适当的努力，防止青少年自杀，包括制定明确的政策和程序（Jacob，2009）。

第三，正如第四章将讨论的，青少年自杀与心理健康问题之间存在密切关系（Mazza，2006），学校工作人员越来越多地被要求在处理这些问题方面发挥更大作用，特别是在预防心理问题和促进心理健康方面（Miller，Gilman，& Martens，2008；Power，DuPaul，Shapiro，& Kazak，2003）。一些学校工作人员可能会质疑这种责任是否适当。考虑到除了学校系统，没有任何机构监管儿童青少年的心理健康，这使得他们最终在这件事情上几乎别无选择（Mazza & Reynolds，2008）。正如我们将看到的，心理健康问题是自杀行为的主要风险因素，预防和治疗心理健

> 青少年自杀与心理健康问题之间存在密切关系，学校工作人员越来越多地被要求在处理这些问题方面发挥更大作用，特别是在预防心理问题和促进心理健康方面。

康问题是有效的自杀预防项目的主要特点。

学校应该参与自杀预防的第四个原因是,缺乏受过适当培训的人员来应对青少年自杀行为。最近的全国性调查表明,即使是学校心理健康专业人员(如学校心理学家),也认为自己需要接受额外的自杀风险评估(Miller & Jome,2008)、预防和干预(Darius-Anderson & Miller,2010;Debski et al.,2007;Miller & Jome,in press)培训,各类学校从业者显然可以从有关这个主题的其他信息中获益。此外,在学生自杀死亡的悲剧事例中,学校能在制定事后干预程序(第七章讨论)以防止继发的自杀行为(包括可能的传染效应)方面发挥重要作用(Brock,2002)。

学校工作人员应更主动参与自杀预防项目的另一个重要原因与学校的主要功能是教育有关。例如,最近的一项研究发现,阅读能力差的青少年比阅读能力强的青少年更有可能经历自杀死亡或自杀未遂和辍学,即使控制心理病理学和人口统计学变量后也是如此(Daniel et al.,2006)。同样,对学业成绩的看法与青少年自杀行为相关。一项研究发现,在一组青少年中,对学业成绩不佳的看法与自杀未遂增加的可能性显著相关,即使在控制了自尊、心理控制源和抑郁症状后也是如此(Richardson,Bergen,Martin,Roeger,& Allison,2005)。一项纵向追踪发现,对学业成绩的看法、自尊、心理控制源与自杀行为显著相关,对学业成绩的看法是自杀行为的一个特别好的长期预测因子。考虑到上一章讨论过感知到的无用性与自杀之间关系的假设,这一领域有待进一步研究

（Joiner，2005）。

为了避免任何可能的混淆，我想补充一点，这些研究结果不应被解释为，学生的阅读问题（甚至感知到的阅读问题）将会普遍地或不可避免地导致学生自杀率上升。根据我们知道的与自杀有关的原因，这些学业问题本身并不能孤立地导致自杀行为的发展。然而，这些研究和其他研究说明了心理健康问题与学业困难之间的重要关系。

这些研究也提供了一个有用的启示，一个领域的改善可以且经常对另一个领域产生积极影响（Miller，George，& Fogt，2005）。研究的确清楚地表明，提高学生的学业成绩往往具有增强学生行为和心理健康的附加作用（Berninger，2006）。例如，与典型的学校干预（即常规的学业项目）相比，心理健康干预在促进心理健康方面并没有更好的效果（Weiss，Catron，Harris，& Phung，1999）。这些研究和其他研究强烈支持这样一种观点，即有效的心理健康干预和有效的学业干预应被视为相辅相成和相互关联的措施。

责任问题、道德责任和最佳实践

如果上述理由不够有说服力，还有法律和道德理由要求学校工作人员应该采取学校自杀预防项目。接下来讨论学校和青少年自杀的责任问题，学校工作人员在预防青少年自杀和应对青少年自杀行为方面的道德责任，以及在实施学校自杀预防项目时采取最佳实践的重要性。

相关责任议题

许多人指出，如果学生自杀死亡，学区以及学校工作人员可能会被父母/监护人起诉（例如，Berman，2009；Poland，1989）。这当然是真实存在的，所有学校工作人员都应该意识到这一点。特别是，一些学校工作人员可能担心，如果学校没有就潜在的学生自杀行为向其他人发出足够的警示，他们会被追究责任。这种担忧很可能是众所周知的塔拉索夫（Tarasoff）诉加利福尼亚大学董事一案（1976）带来的影响。该案件裁定，当患者对他人构成严重威胁时，其治疗师有义务发出警告。然而，人们不知道的是，塔拉索夫案的裁决并未被其他法庭普遍采纳，甚至加利福尼亚最高法院拒绝将塔拉索夫案的警告义务扩大到涉及自杀的案件。

对已公布的法院判决的审查显示，在家庭起诉学校工作人员应对学生自杀事件负责的案件中，绝大多数法院判决对学校工作人员有利（Fossey & Zirkel，2004；Zirkel & Fossey，2005）。此外，这些判决都没有裁定学校心理健康专业人员或学校其他工作人员对伤害进行赔偿。未来的司法判决可能会有所改变，但截至撰写本书之时，法院显然一直不愿追究各种情况下青少年自杀的校方责任（关于 2009 年之前相关法院案件及其判决的详细讨论请参阅"附录一 公立学校学生自杀判例法"）。

> 对已公布的法院判决的审查显示，在家庭起诉学校工作人员应对学生自杀事件负责的案件中，绝大多数法院判决对学校工作人员有利。

> 学校工作人员应了解，学校和自杀的责任问题通常涉及疏忽与可预见性问题。

学校工作人员应了解，学校和自杀的责任问题通常涉及疏忽与可预见性问题。例如，如果学生自杀死亡，学生的父母/监护人认为，学校工作人员在本可以阻止学生死亡的情况下并没有阻止，是疏忽的行为（例如，当获知学生将会自杀时，学校工作人员没有追踪监控学生），学校工作人员可被法院追究责任。同样，学校工作人员如果没有采取适当行动防止可预见的自杀，也会面临潜在的诉讼风险。

根据雅各布（Jacob，2009）的观点，所有学校工作人员都有责任保护学生"免受可合理预见的风险的伤害"（p. 243）。然而，应该清楚地认识到，"可预见性并不等同于可预测性"（Berman，2009，p. 234）。也就是说，学校工作人员不会因没有准确预测和（或）确定哪些学生可能会自杀而被法院追责。更确切地说，可预见性是指"对学生潜在伤害风险的合理评估"（Berman，2009，p. 234）。当然，对"合理"的解释是开放性的，一般来说，法院在这方面给予学校很大的选择自由。

如果学校工作人员有如下行为，则可以且已被起诉：没有将学生的自杀表达告知家长；学生透露了自杀计划，学校没有干预；没有遵守制定的有关青少年自杀行为的学校政策和程序（Berman，2009）。尽管这些情况下被起诉的学校和学校工作人员通常没有被法院追究责任，但任何学校管理人员、学校董事会成员或学校工作人员都会承认，针对自己学区或学区某一具体工作人员的诉讼是一件能免则免的事。不管诉讼结果如何，其成本巨大，无论是金钱，还是时间、人力以及引发的负面公共形象。

> 如果学校工作人员有如下行为，则可以且已被起诉：没有将学生的自杀表达告知家长；学生透露了自杀计划，学校没有干预；没有遵守制定的有关青少年自杀行为的学校政策和程序。

学校工作人员应该做些什么来降低成为青少年自杀行为的诉讼对象的可能性？首先，他们应该意识到诉讼很少发生，以下情况除外：学生自杀死亡，其父母/看护者认为学校工作人员本可以阻止事情发生，却置身事外。考虑到学校面临的众多挑战，许多学校管理者和学校从业者看到上面这句话松了口气，这可以理解。例如，一些学校工作人员可能很少甚至根本没有经历过学生自杀，这取决于他们多年的经验和其他因素。

与学校面临的其他问题相比，青少年自杀还是相对少见（不是自杀行为，正如我们在第一章提到的），这可能会给学校工作人员一种虚假的安全感。青少年自杀确实会发生，而且往往发生在人们最意想不到的时候。当青少年自杀发生时，学校工作人员常常感到困惑、害怕，挣扎着不知道如何处理，更不用说一开始就清楚如何更好地预防自杀。当青少年自杀行为发生时，缺乏计划性和预见性也增加作出错误响应的可能性，从而导致诉讼的增加。

要解决这个问题,首先所有学区和学校都应该有明晰的政策和程序来处理以及应对青少年自杀行为。提出这项建议的一个原因是避免可能的诉讼,但这并不是唯一的,甚至不是最重要的原因。例如,雅各布和哈茨霍恩(Jacob & Hartshorne,2007)指出,法院案例判决结果,如艾泽尔(Eisel)诉蒙哥马利县教育委员会(1991),已被解释为学校应该制定明晰的自杀预防政策和程序,包括向父母/监护人报告其子女表现出的任何可疑或可能的自杀行为,确保学校工作人员充分熟悉学校有关青少年自杀行为的政策和程序。然而,在撰写本书时,大多数州在法律上并没有要求学校制定关于青少年自杀行为的具体政策和程序。

当然,没有法律强制要求所有学校都要制定预防自杀的政策和程序,这并不意味着学校不能也不应该这样做,或者没有明确概述的政策和程序是明智之举。简而言之,建议制定与青少年自杀行为有关的学校政策和程序,不是出于法律要求,而是因为这是职业道德行为和最佳实践的典范。

道德责任

法律是"国家规定的具有法律约束力的一系列行为规则",与法

> 职业行为准则通常要求学校工作人员的行为方式比法律规定的"更严格",并常常要求专业人员相应地改变自己的行为,以符合更高的道德标准。

律不同,职业道德是"指导从业人员与他人开展职业活动的广泛道德原则和规则"(Jacob & Hartshorne,2007,p. 21)。在学校工作的是专业人员,无论

其角色和职能如何,他们对所服务的儿童青少年负有道德责任。以职业道德的方式从事工作,包括运用道德原则和具体规则来解决职业实践中不可避免出现的问题(Jacob & Hartshorne,2007)。

许多在学校工作的专业人员,包括学校心理健康专业人员,被认为有责任表现出职业行为准则中概述的职业行为。这些职业行为准则通常要求学校工作人员的行为方式比法律规定的"更严格"(Ballantine,1979,p. 636),并常常要求专业人员相应地改变自己的行为,以符合更高的道德标准。

为了说明这意味着什么,请考虑如下情境:想象你在湖边放松,在一个温暖的夏日读一本喜欢的书。太阳快要下山了,值班救生员已经离开。突然,你听到有人在呼救。你抬头一看,只见一个少年落入湖中,他的手臂疯狂地挥动着,满脸惶恐,一副不会游泳的模样。你很快就意识到,除非有人马上帮助这个少年,否则他可能会淹死。你还意识到值班救生员已经走掉,周围没有其他人,唯一能听到他越来越迫切的求救声的人只有你。你会怎么做?显然,没有任何法律义务要求你跳入水,试图营救遇险的人。你不施以援手,也不会承担任何法律后果。你会因此对他的呼救坐视不理吗?当然不会,为什么呢?因为试图帮助陷入危险境地的人虽然不是法律义务,但大多数人都会同意,帮助陷入危险境地的人是出于道德上的适当性和责任。或者换种说法,鉴于普遍的文化和社会价值观,在道德层面这是"正确"的做法。

职业道德责任与学校自杀预防和干预之间的关系是什么？首先，职业道德要求学校工作人员要在其职业能力范围内行事，不能超出自身的训练和知识水平（Davis & Sandoval，1991）。这表明，最有可能在青少年自杀和其他心理健康问题方面拥有知识、技能和胜任力的学校心理健康专业人员，应该负责制定学校自杀预防项目。学校心理健康专业人员接受过专业培训，拥有经验，比学校其他工作人员（例如，教师、行政人员）更适合从事这项工作，后者缺乏必要的知识和技能。

其次，正如美国学校心理学家协会（National Association of School Psychologists，NASP）的职业道德准则所述，专业人员应"作为学生/来访者的支持者"，并确保"高质量的专业服务"。在自杀预防方面，这意味着学校心理学家（以及其他学校心理健康专业人员）应该致力于为自杀青少年提供支持。因其自杀行为，这些青少年可能经常被其他学生，甚至学校工作人员污名化或边缘化。学校心理健康专业人员也是学校社区中倡导预防和其他旨在解决并有望减少自杀行为的项目的最合适的成员，同时也为需要心理健康服务的儿童青少年提供高质量服务。

美国学校心理学家协会的职业道德准则没有界定"高质量"一词，但使用这个词显然意味着所提供的服务显示出对其指定目的的效用。学校提供高质量服务，促进和增强学生的学业、行为、社会和情感发展，被认为是最佳实践（Power et al.，2003），也是学校全体人员应追求的目标。

最佳实践

最佳实践指已经被证实能给学生带来更多益处的方法、策略或技巧。最佳实践以法律要求和道德责任为依据，但不必受其限制。

> 最佳实践以法律要求和道德责任为依据，但不必受其限制。

也就是说，虽然学校工作人员应遵循法律和职业道德准则，但满足这两项要求应该简单视为只是达到预期的最低标准，并不一定反映或限制专业人员可以或应该做什么。

例如，学校提供循证预防和干预策略，无论是本书描述的自杀预防项目，还是有新兴实证证据支持其有效性的其他类型的预防和/或干预项目（例如，物质滥用、欺凌），这都不是法律和道德所要求的。然而，由于这些项目为儿童青少年提供了更全面的服务，使他们的利益最大化，因此这种做法不仅合理，而且应该强烈推荐。换言之，这些项目是最佳实践的例证。

依据法律责任以及职业道德准则，学校和学校工作人员在预防青少年自杀方面最低限度应做些什么？无论是法院案件还是道德准则，都不能在这方面提供具体指导。波伦（Poland，1989）建议，所有学校应筛查有自杀倾向的学生，评估有潜在自杀风险的学生的严重程度，通知自杀学生的父母/看护者，与父母/看护者合作，确保为学生提供必要的监督和服务，监测学生并提供持续帮助。本章最后所附的讲义2-1提供了一份较全面的推荐做法清单，在我看来，处理自杀问题学校最低限度应做到清单上的建议。采纳这些建议，学校工作人员将更好地保护自己免遭可能的诉讼，更重要的是，他们将践行道德和专业责任。

学校心理健康专业人员的角色与责任

所有学生和学校工作人员都可以在有效的学校自杀预防中发挥作用，不过学校心理健康专业人员（如学校心理学家、心理教师和社会工作者）在其中的贡献尤为重要。正是这些专业人员最终能够并应该在学校自杀预防项目中发挥主要作用和承担责任，而且应该全面参与实施、维持和评估这些项目。

伯曼（Berman，2009）指出，学校心理学家（以及其他学校心理健康专业人员）"在降低学生自杀行为发生率和应对自杀事件及其影响方面发挥着至关重要的作用"（p. 231）。为了做到这一点，他建议所有学校心理健康专业人员遵循以下准则：

- 了解自杀行为的风险因素和预警信号。
- 了解学校预防自杀的法律问题和最佳实践。
- 了解有关自杀预防的循证实践。
- 熟悉如何准备和实施自杀风险评估。
- 能够区分自杀行为和非自杀性自伤。
- 了解安全计划的优势及其与无伤害协议之间的区别。
- 具备危机评估和干预方面的知识和技能。
- 熟悉如何让有自杀倾向的青少年的父母参与干预过程。

- 熟悉如何让自杀未遂的学生重新融入班级。
- 熟悉与自杀传染效应和群聚效应相关的问题。
- 熟悉如何实施有效的自杀事后干预程序。

本书的读者将获得上述领域的知识。附录二提供了关于青少年自杀及其预防的补充资源。此外，美国自杀学会还提供了一个在线的学校自杀预防认证项目，为学校工作人员提供培训。正如伯曼（Berman，2009）所指出的，学校心理学家和其他学校心理健康专业人员应该利用各种培训机会，"更好地准备迎接挑战，预防学校中出现下一个（如果不是第一个）自杀"（p. 237）。

本章结语

俄勒冈大学特殊教育教授霍纳（Robert Horner）曾经在理海大学为在学校工作的研究生做过一次客座讲座。他说："学校人员的工作比单纯的教育更宽泛，会改变学生的生活轨迹。"这句话提醒我们，学校专业人员在矫正学生的行为，改善行为的后果，甚至改变学生的生活等方面有强大的影响力。有效的学校自杀预防项目有潜力做到所有这些事情。事实上，它们不仅可以改变学生的生活，而且可以挽救学生的生命。

尽管更好地避免法律纠纷或潜在的诉讼是一个可能的和有利的结果，但实施学校自杀预防项目的主要理由并非这一

> 学校自杀预防项目试图达成一个最重要和最有意义的目标——挽救青少年的生命以避免不必要的及过早的死亡。

点，相反是出于伦理和道德责任。学校自杀预防项目试图达成一个最重要和最有意义的目标——挽救青少年的生命以避免不必要的及过早的死亡。还有什么比这更重要呢？

讲义 2-1 ●●

应对青少年自杀行为：对学校最低限度的建议

- 每所学校都应该有关于青少年自杀行为的书面政策和程序,包括预防、风险评估、干预和事后干预策略。

- 每年都应向学校工作人员展示并教授青少年自杀行为的所有政策和程序。不仅要求学校工作人员接触这些政策和程序,而且应该确保他们已经学会这些内容。

- 所有学校工作人员都应接受有关青少年自杀问题的在职培训,培训内容包括自杀行为的人口统计学信息、对自杀行为的常见误解和误区、自杀行为的风险因素和可能的预警信号,以及如果学校工作人员怀疑学生有可能自杀,应如何做和与谁联系。

- 每所学校应确定心理健康专业人员(例如学校心理学家、心理教师、社会工作者)和其他相关的专业人员(如学校护士),以便提供在职培训,需要时进行自杀风险评估,并加入学校危机干预小组。这些职责应写在他们的岗位说明中。

- 学校心理健康专业人员应负责及时了解联邦或州对青少年心理健康问题的一般要求,特别是预防自杀的要求,包括及时了解涉及学校和自杀的法院裁决。

- 学校心理健康专业人员应熟悉有关自杀的职业道德准则,并通

来源：戴维·N. 米勒(David N. Miller)的《儿童青少年自杀行为：学校预防、评估和干预》(*Child and Adolescent Suicidal Behavior: School-Based Prevention, Assessment, and Intervention*)。版权所有ⓒ 2011 The Guilford Press。仅允许本书的购买者影印本讲义供个人使用(详见版权页)。

过专业发展规划，不断提高专业技能。这种对专业发展的承诺应得到学区行政管理部门的全力支持，包括为学校心理健康专业人员的专业发展活动提供经费。

- 应该确认可帮助潜在自杀青少年的学校和社区资源，并分享给学生和学校工作人员。健康和心理健康专业人员应该识别这些资源，并知道如何迅速获取这些资源。

- 当学校任何人怀疑学生可能会自杀时，应立即向学校校长以及指定的心理健康专业人员报告。该专业人员接受过自杀风险评估和自杀预防培训。

- 任何被怀疑可能有自杀倾向的青少年，都应随时受到监督。任何情况下都不应该让其独处。应没收他们的各种器械，例如武器（如枪）或可用作武器的装置（如锋利物体）。

- 学生被确认有潜在自杀倾向时，应当遵循程序详细记录当天发生的事情。推荐使用标准化的事件报告程序，所有记录的事件都应存档并保存在安全的地方。

- 如果一名学生被怀疑可能会发生自杀行为，并对其进行了自杀风险评估，应立即联系其父母/看护者，并告知结果。

- 在确定学生有中度至高度自杀风险的情况下，除非有家长或其他负责任的成年人陪同，否则不应允许学生乘公共汽车离开学校或步行回家。在这种情况下，应请父母/看护者到学校接他们的孩子。根据情况的严重程度，学生应该由适当的学校工作人员、警察或救护车送到医院或精神病院进行更全面的评估。

- 如果学生因为自杀行为住院或离开学校一段时间,当学生返回学校时,应该有指定的专业人员(例如,学校心理健康专业人员)根据需要,欢迎、会见和监督学生。
- 学校聘任的非心理健康专业人员(如教师)直接与有潜在自杀风险的学生打交道时,应该基于信息须知,告知他们具体状况;并明确指示他们观察到任何形式的自杀行为时应该怎么办。

第三章

预防青少年自杀的公共卫生策略

与少数高自杀风险人群相比，大量处于低风险的人可能
会产生更多疾病病例。

——杰弗里·罗斯（Geoffrey Rose）（罗斯定理）

通过将专业实践导向人群和机构而不是个人客户，并将
精力集中在创造防止问题出现和促进能力提升的环境上，公
共卫生策略为构建美好未来提供了一个独特的平台。

——特里·B. 古特金（Terry B. Gutkin）

一般来说，学校自杀预防项目试图接触尽可能多的青少
年，希望发现少数风险最大的青少年，然后在他们实施自杀之
前识别并转介他们接受干预（评估和可能的治疗）。

——阿兰·L. 伯曼（Alan L. Berman）

1998 年，美国卫生局前局长萨彻（David Satcher）在文章中指
出，自杀及自杀行为导致的公共卫生问题在美国尚未得到充分解

决(Satcher,1998,p. 325)。自那时起,联邦政府开始更加积极地
尝试解决自杀问题,尤其关注青少年自杀现象。在萨彻担任卫生
局局长期间,他推动了许多相关倡议。例如,他发起的《预防自杀
行动呼吁》(U. S. Department of Health and Human Services,
1999),这是近 200 年来第一份由卫生局局长办公室发布的关于自
杀问题的报告(Jamison,1999),它强调自杀是一个全国性的公共
卫生问题。该报告呼吁公众提高对自杀及其风险因素的认识,改
善以人口为基础的临床服务,并增加对自杀预防科学研究的投资
(Jamison,1999)。

同年,萨彻发表了《心理健康:卫生局局长的报告》(*Mental
Health: A Report of the Surgeon General*)(U.S. Department of
Health and Human Services,1999),报告强调了心理健康和物质
滥用服务在预防自杀方面的重要作用。到了 2000 年末,他召开了
一个名为"儿童心理健康:制定国家行动议程"的会议。在会议
上,萨彻特别提出在所有面向儿童青少年的服务体系中,需要加强
对儿童青少年心理障碍的早期识别,并消除相关障碍,增加他们获
得必要服务的机会。

众多努力,包括萨彻的倡议,共同促成了具有里程碑意义的
《国家自杀预防战略:行动目标》(*National Strategy for Suicide
Prevention: Goals and Objectives for Action*)(U.S. Public Health
Service,2001)的出版。正如萨彻所说,这是一项"通过预防自杀
促进美国民众健康和福祉的战略"。《国家自杀预防战略:行动目

标》采用公共卫生策略来预防自杀，旨在"促进和引导社会基础工作，以影响对自杀及其预防的基本态度，并改革司法、教育和卫生保健系统"（Berman et al.，2006，p. 304）。《国家自杀预防战略：行动目标》标志着美国首次试图通过协调公共和私人领域的资源与努力来预防自杀。在该战略发展两年后，总统的新型自由心理健康委员会（President's New Freedom Commission on Mental Health，2003）也呼吁其发展和实施。本章最后所附的讲义 3-1 详细呈现了《国家自杀预防战略：行动目标》的目标清单。

　　这些报告标志着联邦卫生优先级的重大转变。具体而言，它们"在主题上围绕以下前提联系在一起：（1）心理健康是公共卫生系统一个不可或缺的核心和重要组成部分；（2）减少污名和提高心理健康问题的早期识别对健全的公共卫生系统至关重要；（3）加强研究与实践之间的联系将为公众带来最大收益"（Hoagwood & Johnson，2003，p. 3）。

　　2004 年，美国通过首个专门针对青少年自杀问题的法案《加勒特·李·史密斯纪念法案》（Garrett Lee Smith Memorial Act），进一步加强了对自杀问题的应对措施。该法案旨在"支持有组织的规划、实施和评估工作，包括全州范围内的青少年自杀早期干预和预防策

　　在通过这项具有里程碑意义的立法时，美国国会指出，"青少年自杀是与潜在的心理健康问题相关的公共卫生悲剧，青少年自杀早期干预和预防工作是国家的优先事项"。

略,并为学校心理和行为健康服务中心以及其他目标提供资金"。
《加勒特·李·史密斯纪念法案》是为了纪念俄勒冈州参议员戈
登·史密斯自杀死亡的儿子,戈登·史密斯是该法案的发起人之
一。在通过这项具有里程碑意义的立法时,美国国会指出,"青少
年自杀是与潜在的心理健康问题相关的公共卫生悲剧,青少年自
杀早期干预和预防工作是国家的优先事项"(p. 1)。

　　总的来说,这些措施提高
了公众对自杀是一个重大的公
共卫生问题的认识,特别是在
青少年群体中。将自杀理解为
一个公共卫生问题并将其概念

> 将自杀理解为一个公共卫
> 生问题并将其概念化,让许多
> 个人和组织意识到公共卫生模
> 式是预防自杀的有效途径。

化,让许多个人和组织意识到公共卫生模式是预防自杀的有效途
径。本章探讨了多种行之有效的减少自杀的公共卫生策略,并提
出在学校运用公共卫生策略预防青少年自杀的构想。本书后续各
章将详细阐述如何在不同层面实施公共卫生策略。然而,在开始
这个过程之前,有必要先简要讨论公共卫生。

公共卫生：简要概述

　　公共卫生有许多定义,最简明和有用的是公共卫生研究所
(Institute of Public Health, 1988)的定义:公共卫生是一个社会
共同努力以保障其成员健康的领域(p. 1)。公共卫生问题在 19 世
纪开始受到广泛关注,当时医生和政府官员开始考虑各种社会和环

境因素,这些因素可能导致、引发或加剧现有的健康问题(Doll &
Cummings,2008b)。最早的公共卫生项目主要是简单的社区清
洁,后来的公共卫生努力集中在医疗干预上,例如众所周知的疫苗
接种和环境改善等措施(Strein, Hoagwood, & Cohn, 2003;
Woodside & McClam,1998)。

从 20 世纪 70 年代开始,美国国民的健康状况,而不仅仅是个
人的健康状况,已经成为国家的优先事项,并推动地方和联邦政策
的重大变化(Strein et al.,2003)。从那时起,美国就已经实施许
多旨在实现各种目标的公共卫生倡议,如减少吸烟和饮酒、加强体
育锻炼、降低交通事故死亡率、推广安全性行为以预防意外怀孕和
性传播疾病等。

近年来也有一些旨在减少自杀的公共卫生举措。下一节概述
了我们目前所了解的以社区为基础的预防自杀的公共卫生策略。
虽然这些策略不是专门针对学校设计的,但学校工作人员将会了
解哪种社区公共卫生策略在预防自杀行为方面最有效,并受益匪
浅,因为这些信息对学校自杀预防工作具有重要意义。

以社区为基础的预防自杀的公共卫生策略

2002 年发表的一篇文献综述发现,68%的自杀死亡者在死亡
前的 12 个月里没有在心理健康中心出现(Luoma, Martin, &
Pearson,2002)。从这个角度来看,考虑到美国每年大约有 32 000
人死于自杀,这就意味着其中近 22 000 人无法通过传统的心理治

疗方法获得治疗(Joiner et al.，
2009)。要想最有效地防止自
杀,传统的治疗方法不是解决
途径。但这并不意味着,对自
杀者的个体或团体治疗不值

> 当传统的个人方法与试图
> 在更普遍的层面上预防自杀的
> 公共卫生策略相结合时,自杀
> 预防的效果最好。

得,或者这些方法无效。对有能力为有自杀风险或高自杀风险的
人提供有效干预措施的心理健康从业者的需求很大。然而,当传
统的个人方法与试图在更普遍的层面上预防自杀的公共卫生策略
相结合时,自杀预防的效果最好(Joiner et al.，2009)。

根据公共卫生模式,目前已经提出一些以社区为基础的策略。
接下来详细探讨四种主要策略:限制使用致命手段、使用危机电
话热线、互联网和提供自杀相关信息的公共教育活动。美国空军
开发的一个项目也提供了相关信息,该项目作为预防自杀的公共
卫生策略取得显著的成功。

限制使用致命手段

限制使用致命手段指限制可能危及生命的物品的可得性,如
枪支或某些药物,以及/或限制进入高楼大厦和大桥。手段限制背
后的逻辑是,从理论上讲,它会减弱试图自杀的冲动,或者至少迫
使自杀的人考虑并找到另一种选择(很可能不会立即致命的选
择),从而为干预提供更多的时间和机会(Berman et al.，2006)。
然而,对这种观点长期存在的反对意见是,限制使用致命手段只会
暂时阻止自杀,因为通过一种方法试图自杀受阻的人会采用另一

种方法（Stengel，1967）。这一观点通常称为方法替代，在某一领域限制使用致命手段（例如，限制使用枪支）只会导致另一种非限制性自杀方法的出现（例如，一氧化碳中毒），并不会真正阻止自杀行为，导致总体自杀率保持不变。

尽管具有直观的吸引力，但方法替代并不一定会出现，这表明限制手段应该被视为自杀预防的一种可行形式。例如，考虑到英国国内一氧化碳中毒导致的大量自杀事件，英国政府改变了国内供暖气体的来源，使其一氧化碳含量减少到早期供应的六分之一，在此之前，英国 40% 的自杀事件都由一氧化碳中毒窒息导致。经过这种改造，一氧化碳中毒在所有自杀事件中所占比例不到 10%。最有趣的也许是，英国的总体自杀率也在下降，自杀替代方式的使用没有明显增加（Shaffer et al.，1988）。此外，总体自杀率的下降是在失业率不断上升的情况下发生的，而失业率是与自杀率上升相关的一个变量（Joiner et al.，2009；Kreitman & Platt，1984）。

另一个例子是世界上每年自杀人数最多的地方：旧金山的金门大桥（Blaustein & Fleming，2009）。自 1937 年大桥竣工，已有超过 1 200 人在桥上自杀死亡（确切数字尚不清楚），并且每年新增自杀人数约 20 人（Joiner et al.，2009）。这个地方发生过许多自杀事件，早在 20 世纪 50 年代就有人提出建造自杀预防屏障的想法，直到 2006 年 9 月才达成协议，以水平网或其他某种物理屏障的形式为这座桥梁建一个自杀遏制系统。撰写本书时，金门大桥自杀防护系统项目正在进行，尚未完成。

在过去的几十年里,许多人反对在金门大桥上设置屏障,他们通常有以下理由:成本、美观和一个屏障最终无法阻止自杀的普遍信念(Colt,2006;Friend,2003)。对于这一观点,2006 年发表的一项研究向全美 2 770 名受访者提出了一个假设问题,即自杀屏障可能会对在金门大桥自杀死亡的 1 000 多人的命运产生什么影响? 34％的受访者表示,他们相信如果桥上有防护屏障,每个人都会找到另一种自杀方式,40％的受访者认为大多数人还是会按自己的想法这样做(Miller,Axrael,& Hemenway,2006)。

无论是支持还是反对在金门大桥上修建屏障,这些受访者都不太可能意识到一项 30 多年前开展的研究如今已成为经典。塞登(Seiden,1978)研究了 1937—1971 年在金门大桥上被阻止自杀的 515 个人的记录。方法替代理论认为,这些人中的大多数甚至是绝大多数,在被阻止从桥上跳下去后,会在随后死于自杀。然而,塞登发现,"94％的人随后没有自杀死亡"。后续许多关于大桥屏障对自杀行为影响的研究也发现了类似的结果(例如,Beautrais,2007;Bennewith,Nowers,& Gunnell,2007;O'Carroll & Silverman,1994;Reisch & Michel,2005),这表明在桥上设置物理屏障以防止自杀行为可以拯救生命。许多地方因对潜在自杀者的吸引力而受到批评,在纽约的帝国大厦、澳大利亚的悉尼海港大桥、日本的三原山修建隔离墙后,这些地方的自杀率都降到接近零的水平(Friend,2003)。

然而,这些结果不应该被理解为没有替代自杀方法出现。如果某种自杀方法可以避免，或者被阻止使用，那么有些人会使用另一种自杀方法（Caron，Julien，& Huang，2008；Reisch，Schuster，& Michel，2007）。例如，有研究者（De Leo，Dwyer，Firman，& Nellinger，2003）论证了枪支自杀的减少和上吊自杀的增加之间的关系。同样，另一项研究发现，由于枪支使用受法律限制，通过枪支自杀的人数减少了，而通过上吊自杀的人数增加了（Rich，Young，Fowler，Wagner，& Black，1990）。

> 有确凿证据表明，青少年的家中有枪支，尤其是未上锁、已上膛的手枪，与自杀风险明显提高相关。

考虑到大多数自杀死亡的青少年（以及成年人）选择枪支作为自杀手段，探讨枪支使用限制的问题显得尤为重要。实证研究表明，青少年的家中有枪支，尤其是未上锁、已上膛的手枪，与自杀风险明显提高相关（Simon，2007）。此外，枪支的可及性和数量与自杀风险成正比，使用枪支自杀的死亡率高达 78%～90%（Berman et al.，2006）。限制获得枪支（特别是手枪）的公共政策举措与枪支自杀率和总自杀率的降低有关，尤其是在青少年中。因此，一个潜在的最有效的青少年自杀预防策略是将枪支从家庭环境中移除（Berman et al.，2006）。

然而，枪支管制是一个极具争议的话题，鉴于当前的政治环境，通过更严格的枪支法律的可能性不大。此外，尽管限制枪支的可得性可能会降低自杀率，但枪支管制的反对者认为，拥有枪支可能有助于防止暴力犯罪,并且在绝大多数情况下,人们并没有真正开枪(例如,Kleck & Delone,1993;Tark & Kleck,2004)。枪支管制和枪支权利的问题不仅代表政治分歧,而且代表文化分歧。对许多生活

> 限制获得枪支(特别是手枪)的公共政策举措与枪支自杀率和总自杀率的降低有关,尤其是在青少年中。因此,一个潜在的最有效的青少年自杀预防策略是将枪支从家庭环境中移除。

在农村或小城镇的美国人来说,特别是在西部各州,狩猎是一种流行的、源远流长的文化传统,枪支通常作为传家宝代代相传(Bageant,2007)。从历史上看,在这些地区试图禁止持有枪支的法律并没有得到广泛的认可,而且这种情况在近期或可预见的未来也不太可能改变。

尽管如此,限制使用枪支还是有积极意义。《青少年使用枪支自杀的共识声明》(A Consensus Statement on Youth Suicide by Firearms)(1998)强调了加强枪支安全和相关培训,进行枪支与自杀关联性的教育,以及防止青少年获取和使用枪支的重要性。加兰和齐格勒(Garland & Zigler,1993)就枪支问题提出了更多建议,包括为青少年和成年人提供枪支安全培训,进行强制性的背景调查,以及在购买枪支前设置等待期。然而,这些领域的立法努力在州和联邦层面大多未能成功。

最后,由于服用和过量服用药物是青少年女性自杀计划中最广泛使用的自杀方法,因此有人认为限制获得毒品和药物可能是

一种有效的自杀预防措施。例如,在丹麦,限制巴比妥类药物和含有一氧化碳的家用煤气的供应与自杀总人数和中毒自杀人数的减少有关(Nordentoft,Qin,Helweg-Larsen,& Juel,2007)。伯曼及其同事(Berman et al.,2006)提出,将潜在致命药物的处方剂量限制在有限的时间范围内可能有益。霍顿(Hawton,2002)报告了一项国家立法授权,以减少可以随意购买的止痛药数量,并发现在这项新法律出台后,使用止痛药和药物过量的情况有所减少。

危机热线

由于使用方便,危机热线有独特的地位,可以在自杀危机发生期间的不同时刻,包括自杀尝试前进行干预(Joiner et al.,2007)。危机热线电话全天候(每天 24 小时,每周 7 天)为呼叫者提供即时帮助,通过积极干预来解决自杀或潜在自杀危机(Berman et al.,2006)。对儿童青少年来说,"电话的匿名性、舒适性和熟悉性,以及提供服务的通常为非专业人员,理论上使这种帮助形式比在办公室与专业人员直接面对面交流更容易接受"(Berman et al.,2006,p. 310)。

危机热线在青少年自杀预防方面有很多优势,当其他自杀预防或干预可能不可用时,它可以提供一定程度的服务;可以提供其他可能的治疗资源的信息;提供了一个安全的和非评判的环境,在这个环境中,青少年能够表达复杂的感受;允许打电话者自由地开始和终止联系(Gould,Greenberg,Munfakh,Kleinman,& Lubell,2006)。在拨打热线电话后,如果没有解决自杀危机,可以转介以接受更密集的干预。此外,随着便携式手机在儿童青少年中普及,拨打危机热线变得更加容易。

危机热线的效果如何?证据表明,危机热线对自杀人群(Gould,Kalafat,Munfakh,& Kleinman,2007)和非自杀人群(Kalafat,Gould,Munfakh,& Kleinman,2007)都有益,使用危机热线的青少年通常会得到帮助。在危机热线干预过程中,青少年的自杀行为显著减少,心理状态得到显著改善(King,Nurcombe,Bickman,Hides,& Reid,2003)。不幸的是,尽管青少年对危机热线的认知程度很高,并且使用危机热线的人满意度很高,但使用危机热线的青少年并不多(Gould et al.,2006)。青少年接触危机热线的频率比其他求助渠道要低,对危机热线的看法也更消极(Vieland,Whittle,Garland,Hicks,& Shaffer,1991)。

> 证据表明,危机热线对自杀人群和非自杀人群都有益,使用危机热线的青少年通常会得到帮助。

古尔德及其同事(Gould et al.,2006)对 519 名高中生进行了一项研究,发现只有少数学生(2.1%)报告使用危机热线。不使用危机热线的最常见原因与自立和羞耻感有关。例如,在这个样本中不使用危机热线的十个常见原因是:(1)我认为问题不够严重(35.3%);(2)我想自己解决问题(33.1%);(3)我认为家人或朋友会帮我(24.6%);(4)我认为这可能不会有任何好处(24.0%);(5)我认为问题本身会好起来(22.8%);(6)这个问题太私人化了

（15.1％）；（7）我不知道该给谁打电话（13.1％）；（8）我担心我的家人会怎么想或怎么说（10.9％）；（9）我不相信他们会给我建议或帮助（9.7％）；（10）我羞于打电话（7.1％）。

首先，最令人不安的是，最需要危机热线服务的学生往往最反对使用危机热线。例如，与先前的研究一致（Mishara & Daigle，2000），青少年女性比男性更容易拨打危机热线。如第一章所述，虽然女性比男性更可能尝试自杀，但男性自杀率更高。这一发现可能反映，男性普遍不愿意通过寻求帮助来解决问题（Gould et al.，2006）。

其次，报告功能受损或感到绝望的学生比没有报告这些情况的学生更反对使用危机热线。例如，报告功能受损的青少年比未受损者更有可能赞成与自力更生相关的项目，作为他们不使用危机热线服务的理由。这一发现与之前的研究一致，即抑郁及有自杀行为的青少年比心理健康的同龄人更有可能认为，人们应该能够在没有外界帮助的情况下处理自己的问题（Gould et al.，2004）。报告功能受损的青少年声称，他们羞于使用危机热线。报告有绝望感的青少年表示，他们不使用危机热线更多地涉及以下问题，例如从未听说过危机热线，不知道打到什么地方以及没法使用私人电话等。这些观点也可能反映了常常伴随绝望感的消极认知和动机缺失（Gould et al.，2006）。

研究还发现，即使控制了功能受损和绝望感，曾咨询过心理健康专业人员的青少年对使用危机热线的反对意见也较强烈。在本研究报告的少数拨打危机热线的青少年中,绝大多数也同时使用其他服务。古尔德及其同事(Gould et al.,2006)认为,研究结果可能表明青少年的需求通过这种救助系统已得到满足,而且一旦进入心理健康系统,这些青少年可能会认为危机热线是多余的或不必要的。

青少年尤其是有较高自杀风险的学生使用危机热线的比例很低,这是一个严重的问题。尚不清楚应如何最好地利用危机热线或将其介绍给青少年。正如古尔德及其同事(Gould et al.,2006)所指出的,"危机热线是应该作为短期援助的独立资源,还是进入其他长期援助系统,或作为其他服务使用的辅助手段,这是一个值得探讨的问题"(p. 611)。人们还对危机热线援助中自杀风险评估的质量存在顾虑,近期美国国家自杀预防生命热线(National Suicide Prevention Lifeline)等试图制定自杀风险评估标准,以评估拨打电话者的自杀风险(Joiner et al.,2007)。伯曼及其同事(Berman et al.,2006)也提出,需要增加自杀青少年与危机热线提供者之间的联系。由于大多数自杀青少年为男性,因此针对目标群体更好地利用危机热线显得至关重要(Shaffer et al.,1998)。如果要让青少年,特别是有高自杀风险的青少年更愿意拨打危机热线,那么危机热线"必须致力于开发一项能够满足青少年需要的服务,并以符合青少年生活方式的途径提供给他们"(Gould et al.,2006,p. 611)。

有关危机热线最后值得一提的是,具体来说,一名正处于自杀危机并希望拨打危机热线的学生可能无法快速、方便地拨打危机热线电话号码。很多情况下,这些学生可能只知道拨打 911,因为这个号码对大多数人来说是高度可识别的。911 接线人员是否具备处理来电者自杀危机的技能呢? 答案不确定。根据美国国家自杀预防生命热线项目负责人德雷珀(John Draper)的说法,在美国有几家 911 接线人员培训机构,并且都提供应对自杀来电者的培训模块。这些接线人员的技能水平根据其受培训的数量和质量存在很大差异。目前正在努力加强 911 呼叫中心、地方危机中心,以及致力于预防自杀的国家机构(如美国国家自杀预防生命热线)之间的合作。这种合作水平的提升将有望使 911 接线人员更加有效地应对自杀来电者。

互联网和电子通信设备

互联网是增加青少年获得危机服务的一个新的可能途径,和手机以及其他电子通信设备一样,互联网被所有年龄段的青少年广泛使用。人们发现,青少年上网寻求帮助的可能性与他们寻求学校辅导员或其他心理健康专业人员帮助的可能性一样大(Gould,Munfakh,Lubell,Kleinman,& Parker,2002)。然而,尽管互联网作为一种以社区为基础的自杀预防方法具有巨大的潜力,但它也带来了严重的问题。由于缺乏内容监管,互联网上关于自杀的信息往往不正确甚至有害。例如,有研究者(Mandrusiak et al.,2006)发现,尽管许多网站提供了自杀的可能预警信号的清单,但它们之间的一致性相对较低。由于互联网在青少年中的普及,利用互联网支持青少年自杀预防工作很有必要,应该给予其更多关注。

关于自杀的公共教育

在美国,每年有数以千计的自杀者在死亡前从未在心理健康机构接受过治疗。然而,这些自杀者中的大多数在他们去世之前都与其他人接触过。如果接触者认识到关于自杀的一些基本事实,包括预警信号,以及如何帮助自杀者,那么他们可能是防止自杀发生的重要守护者,将有助于降低自杀行为的发生率(Joiner et al.,2009)。为了达到这一目标,有必要向人们广泛传播关于自杀的准确和有用信息,以及对于自杀他们可以做些什么。互联网非常适合达到这一目标,但正如前文所述,提供这些信息的许多网站质量参差不齐,并且不受监管。

关于自杀的公共教育和针对普通人群的行动是相对较新的发展,目前只有有限的数据可用于评估其效果(Mann et al.,2005)。一些研究已经开始探索自杀的公共教育问题,并显示出一些积极结果。例如,在社区干预付诸实践之后,日本农村地区的自杀率降低了 50%。这些社区干预包括强调公众对自杀问题的认识,倡导健康促进,旨在提升老年人(中老年人是干预工作的主要对象)的目标感,创建社区网络(Motohashi,Kaneko,Sasaki,& Yamaji,2007)。

另一项研究考察了提升市民心理健康素养的效果(Goldney & Fisher,2008)。心理健康素养是指个体对心理障碍的认识和看法,这有助于识别、管理和预防心理障碍。心理健康素养也是求助行为的决定因素,被认为是社区自杀预防项目的重要组成部分

（Joiner et al.，2009）。研究人员考察了提供相关信息对以下三组人群心理健康素养的效果：患严重抑郁症并伴有自杀意念的个体、患严重抑郁症但不伴有自杀意念的个体、既没有抑郁症也没有自杀意念的个体。结果表明，尽管最需要干预的人群（即患严重抑郁症并伴有自杀意念的个体）变化较小，但干预显著提升了三组被试的心理健康素养（Goldney & Fisher，2008）。

这项研究的结果与之前的研究一致，即自杀者往往缺乏有效的问题解决和决策技能，这表明旨在减少自杀的、以社区为基础的广泛的教育项目存在明显局限性。正如前文所述，向学生提供信息的学校课程项目的研究也发现了类似的结果。考虑到我们对自杀以及公共卫生模式的了解，这一结果并不令人惊讶。也就是说，我们知道普遍性干预（即向个人提供有关自杀预警信号的信息）可能有帮助，但它本身并不足以满足有潜在自杀风险（需要选择性干预措施）或高自杀风险（可能需要三级和/或危机干预服务）的个体的需求。

美国空军的自杀预防模式

20 世纪 90 年代中期，美国空军人员的自杀率惊人地上升。对此，空军领导人作出积极努力，将自杀预防概念化为一项社区责任，而不是过去人们认为的个人医疗问题。自杀预防项目的关键组成部分包括：（1）空军领导人的持续承诺；（2）与空军人员就预防自杀问题进行连贯和频繁的沟通；（3）消除寻求心理健康问题帮助的污名；（4）加强空军社区内部各预防机构之间的合作；

(5) 确认和培训"日常"守护者。随着这一自杀预防项目的广泛宣传(Knox，Conwell，& Caine，2004)，美国空军人员的自杀率持续显著下降。

有研究者(Knox et al.，2004)指出，"空军自杀预防项目有可能成为证明罗斯定理与预防自杀的相关性的第一例证：改善整个社区的心理健康能够比广泛努力识别即将自杀的个体更有效地减少自杀事件"(p. 42)。空军自杀预防项目，以及本章介绍的其他社区自杀预防项目，说明了如何将公共卫生策略应用于预防自杀。

作为公共卫生的心理健康

在过去20年里，许多国家积极推广公共卫生模式，这种模式不仅关注疾病预防，而且关注健康促进，特别是儿童青少年的心理健康促进(Miller，Gilman，& Martens，2008；Power，2003)。心理健康日益被视为公共卫生的重要方面。与过去的心理健康和心理疾病二分法相比，现在的观点是将心理健康、心理健康问题和心理疾病或障碍概念化为一个连续的统一体(Nastasi，Bernstein-Moore，& Varjas，2004)。本章最后所附讲义3-2提供了美国卫生局局长对这些术语的界定，这对学校工作人员充分理解它们之间的差异非常重要和实用。

传统的医学模式主要侧重于假定个体的疾病，主要关注与诊断和治疗有关的问题。美国卫生和公众服务部(U.S. Department of Health and Human Services，USDHHS)的现代公共卫生模式与传统的医学模式不同，更广泛地关注"对广大人群的心理健康监测、心理健康促进和疾病预防、人与环境的联系、获得服务的机会以及服务评估"（Nastasi et al.，2004，p. 4）。因此，适用于心理健康问题的公共卫生观意味着：（1）提供全方位服务，其特点是从预防到治疗的连续服务；（2）考虑到文化、社会和物理环境因素的生态模式；（3）提供广大人群容易接触的服务，例如通过学校系统；（4）科学方法应用于实践，包括数据收集和持续评估；（5）采用有效监测心理健康需求的方法（Nastasi et al.，2004）。

公共卫生策略应用于学校

学校预防和干预的公共卫生策略越来越被视为重要的和值得推荐的教育实践（Doll & Cummings，2008a，2008b；Merrell et al.，2006；Power，2003；Strein et al.，2003）。考虑到心理健康对学业成就至关重要（Hoagwood & Johnson，2003），而且两者整体

> 学校预防和干预的公共卫生策略越来越被视为重要的和值得推荐的教育实践。

相关（Adelman & Taylor，2006；Doll & Cummings，2008b），为解决自杀和心理健康问题而发起的联邦倡议通常在学校产生强烈影响。本章最后所附的讲义 3-3 提供了基本公共卫生服务及其在学校中对应的心理健康服务的比较清单。

> 心理健康对学业成就至关重要，而且两者整体相关。

与学校相关的公共卫生方

法的具体方面包括：（1）将科学推导的、基于研究的证据应用于提供教育和心理服务；（2）除了注重减少问题行为，还要增加和强化积极行为；（3）强调学校与社区之间的协作努力和更好的关联服务；（4）采用适当的研究策略来改善知识基础和更有效地评估学校服务（Strein et al.，2003）。通过鉴别、选择和实施适当的预防项目和干预策略，公共卫生模式也可以提高学校的系统能力，满足学生的多样化需求（Merrell & Buchanan，2006）。能力建设是指创造有效的"主人翁环境"，支持使用偏好的和有效的做法（Nelson，Sprague，Jolivette，Smith，& Tobin，2009）。

公共卫生模式有三个核心的相互依赖且整体相关的特征。首先，它主要侧重于人群，而不是个体，并考虑了处理特定人群中所有风险等级所需的全系列干预措施。其次，它主要侧重于预防，而不是治疗问题，尽管两者都很重要。最后，除了注重减少问题，还同等重视促进能力、健康（统指心理健康和身体健康）和健康状态（Doll & Cummings，2008a；Domitrovich et al.，2010）。大多数公共卫生策略的另一个特点是，采用的预防项目和干预措施应以实证为基础，即通过科学研究严格评估干预措施，以确定其有效性。接下来简要介绍学校公共卫生策略的特点。

基于人群的心理健康方法

公共卫生策略的一个标志是强调基于人群的服务。多尔和卡明斯（Doll & Cummings，2008a）对学校中基于人群的心理健康服务作了如下描述：

基于人群的心理健康服务是指，为满足所有入学学生的心理健康需要而精心设计的服务。心理健康是学生在学校取得成功的先决条件，正如教师负责教所有学生阅读，学校心理健康服务提供者负责确保所有学生都具有学习所需的心理能力。(p. 3)

在理想情况下，基于人群的心理健康服务至少有四个目标：(1) 促进所有学生的心理幸福感和发展能力；(2) 营造支持性环境以促进和培养学生，使他们能够克服轻度的挑战和风险因素；(3) 为问题风险较高的学生提供保护性支持；(4) 矫正情绪、行为和社会性问题，使学生发展能力 (Doll & Cummings，2008a)。

预防

从公共卫生的角度来看，防患于未然是一种比在发病后再治疗更加有效的方法。萨彻 (Satcher，1998) 在描述 1854 年发生在英国的一次霍乱大爆发时，给出一个预防疾病的公共卫生的例子。许多人死于这种流行病，大量患者需要在医院和诊所治疗，这让全英国的医生和其他医疗专业人员应接不暇。与数百名患者谈论了他们过去几天吃过的食物、饮过的水源后，一位医生发现所有患者都有一个共同点：他们的饮水都来自相同的水泵。这位医生离开医院去寻找水泵（此举激怒了医院许多工作人员），他发现有一条污水管道正在污染水源。他立即将水泵上的把手拆下，从而有效防止其他人饮用该水泵的水。不久之后，霍乱疫情结束。

各种各样的预防项目在学校越来越受欢迎。这些项目中的许多已经被证明能够有效减少或预防某些学业、社会、情感和行为问题（Durlak，2009）。最有效的预防项目涉及儿童青少年的风险因素和保护因素，既试图克服使儿童青少年面临问题的风险因素，也试图发展学生的保护因素来增强学生的个人优势和能力（Doll ＆ Cummings，2008b；Durlak，2009）。本章最后所附的讲义 3 - 4 列出了一些有效预防与能力提升项目的共同原则。

使青少年面临一系列心理健康问题的风险因素包括早期行为问题、早期学业失败、同伴排斥、与有行为偏差的同伴交往、邻里混乱以及物质匮乏。保护因素包括个人和社会能力（如自我控制、冲突解决、拒绝毒品和问题解决能力）以及与学校的紧密联系（Durlak，2009）。学校可以促进学生的保护因素，特别是校园安全有序，学校工作人员关爱支持学生，学业期望高，课程富有挑战性，父母参与孩子的学校生活，以及牢固的家校合作关系，这些都有助于儿童青少年的积极发展（Durlak，2009）。

健康促进

健康促进的特征是聚焦于健康而不是预防障碍或疾病，它与预防的区别在于强调促进健康结果，如能力或幸福（Stormont，Reinke，＆ Herman，2010）。健康促进包括身体健康（如营养、饮食和运动）、心理健康（如发展更高水平的希望和乐观）或两者结合（Miller，Gilman，＆ Martens，2008）。研究表明，仅仅专注或主要专注于预防和治疗疾病或问题，可能不如培养和发展学生的优势与能力那么有效（Doll ＆ Cummings，2008a）。

学校健康促进的一个重要方面是积极心理学的新兴发展，即人类优势与美德的科学研究（Snyder & Lopez，2007）。积极心理学强调，健康不是简单地治疗和消除疾病或障碍，主张从专注于解决问题转向促进心理健康和幸福（Miller，Nickerson，& Jimerson，2009）。

循证实践

学校中循证实践的重要性越来越受到重视（Stoiber & DeSmet，2010）。循证实践主要是指，预防和干预项目获得科学研究对其有效性的公认的支持。遗憾的是，学校历来且一直大力推广预防和干预项目，但几乎没有证据证明这些项目的有效性。在教育领域，短期流行的预防和干预措施往往迅速发展并受到广泛关注，但它们最终可能被其他看似充满希望却同样短暂的新方案取代（Miller & Sawka-Miller, in press）。在几乎没有研究支持的情况下，许多流行一时的项目得以实施，它们几乎没有得到有效评估，或根本没有评估（Merrell et al.，2006；Rodgers，Sudak，Silverman，& Litts，2007）。同样，学校里的许多人没有充分意识到哪些干预措施对解决特定问题有效，更不用说如何有效地实施这些干预措施。我们知道的和我们在学校做的事情之间存在令人遗憾的差距，特别是在学生的心理健康问题上（Jensen，2002a）。

学校工作人员应了解他们各自领域的循证实践。例如，学校心理学家、学校咨询师和学校社会工作者等学校心理健康专业人员，应该知道具有实证依据的预防项目和干预措施，即如何有效预防或治疗包括自杀行为在内的各种心理和精神障碍或问题。然而,掌握科学研究已证明最能有效解决问题的知识,是学校真正发生变化的必要而非充分条件。掌握这些知识只是第一步,还需要通过实施以学校为基础的项目,将其与实际有效的行为改变联系起来。威特默(Witmer,1907/1996)通常被认为是学校和临床心理学的创始人,他指出"对科学的最后检验是它的适用性"(p. 249)。

公共卫生策略应用于学校的例子:三级预防模型

预防和干预的公共卫生策略常通过一种三级模型来阐释,这种模型已被越来越多的学校广泛采用(Shinn & Walker,2010;Walker et al.,1996)。该模型通常用三角形来直观地表示,三角形的三个部分"代表一系列连续的干预措施,这些措施根据学生的干预反应而增加干预强度(如努力、个性化、专业化)"(Sugai,2007,p. 114)。第一层为三角形的底部,称为普遍性或初级水平,假定人群中的所有学生(例如某所学校的所有学生)都会接受一系列普遍性干预措施,旨在预防特定的情绪、行为和/或学业问题。

三角形的第二层(中间层)称为选择性或次级水平,包括对可能面临特定问题的学生或对普遍性干预措施反应不佳的学生采取更密集的干预。

三角形的第三层为三角形的顶部,称为指征性或三级水平,其特点是针对表现出明显问题的学生以及对普遍性和选择性预防和干预没有充分回应的学生,进行高度个性化、专业化的干预(Sugai,2007;Walker et al.,1996)。

上述三级预防模型的最初逻辑在 20 世纪 50 年代后期发展起来，作为预防慢性疾病的系统反应。20 世纪 80 年代和 90 年代，三级预防模型被改进并应用于其他领域，包括心理健康领域（Sugai，2007）。20 世纪 90 年代末和 21 世纪初，为满足学生的个人需求而采取的一系列干预措施的逻辑聚焦于对学生学业和行为问题的预防和干预，例如新近发展起来的干预响应（response to intervention）（Burns & Gibbons，2008）和全校范围内的积极行为支持（positive behavior support）（Sugai & Horner，2009）。

全校范围内的积极行为支持是旨在减少学校学生反社会行为和增加亲社会行为的一种公共卫生策略。评估全校范围内的积极行为支持效果的新兴研究表明，积极行为支持可显著减少临床转介数量以及与反社会行为相关的其他指标（Sugai & Horner，2009）。积极行为支持已广泛用于各类学校，包括城市学校（McCurdy，Mannella，& Eldridge，2003；Putnam，McCart，Griggs，& Choi，2009）以及针对严重行为障碍学生的非传统学校（Miller，George，& Fogt，2005；Nelson et al.，2009）。要使三级预防模型有效，干预强度必须与问题严重程度相符，个性化的三级干预措施的有效性很大程度取决于普遍性干预措施的有效性（Sugai，2007）。

公共卫生策略的倡导者已经证明，它可以用来解决学校面临的各种问题，包括对学业问题（Martinez & Nellis，2008）、儿童贫困（Miller & Sawka-Miller，2009）、反社会行为（Horner，Sugai，Todd，& Lewis-Palmer，2005）、攻击和欺凌（Swearer，Espelage，

Brey Love，& Kingsbury，2008）、社会和情绪问题（Merrell，
Gueldner，& Tran，2008）、物质滥用（Burrow-Sanchez & Hawken，
2007）、抑郁症（Mazza & Reynolds，2008）和非自杀性自我伤害
（Miller & Brock，2010）等问题的预防和治疗。最近，学校自杀预
防的公共卫生策略（Hendin et al.，2005；Kalafat，2003；Mazza &
Reynolds，2008；Miller，Eckert，& Mazza，2009）也引发越来越
多的兴趣。后续各章将强调学校自杀预防的公共卫生策略。

心理健康、公共卫生、公共政策和学校

有些人反对将学校资源用于学生的心理健康需求，他们认为
这些服务超过学校可用的专业知识（Nelson et al.，2009）。例如，
一些人质疑学校工作人员是否能够准确而充分地识别有心理健康
问题的儿童青少年，而另一些人则担心大多数学校解决这些问题
的资源有限（Nelson et al.，2009）。然而，如果没有确定哪些学生
需要心理健康评估和治疗，就会产生一种情况，即有心理健康问题
的学生的需求很容易被低估，这对没有得到服务的学生可能会产
生消极影响（Jensen，2002b）。

不了解儿童青少年的心理健康问题及其普遍性，可能导致决
策者主张为儿童青少年提供更少的心理健康服务。例如，霍恩和
泰南（Horn & Tynan，2001）在一份关于教育改革的很有影响的文
件中建议，应该通过少年司法系统而不是公立学校认定有情绪或行
为适应问题的学生，尽管少年司法系统往往是惩罚性的，不适合提

供有用的心理健康服务。正如纳尔逊及其同事（Nelson et al.，2009）所指出的，"接受这种考虑不周的政策立场，对于需要支持的儿童青少年及其家庭，乃至整个社会都很危险"（p. 477）。

> 从普遍性、选择性和指征性的预防和干预角度出发，将为学校学生提供的服务概念化，可以使研究和实践与全面的和可能更有效的公共卫生模式更紧密地结合起来。

学校未能充分提供心理健康服务，这一情况产生的负面影响超出学生本身（Knitzer, Steinberg, & Fleisch, 1991）。例如，通过协调心理健康服务的各方，系统也应该为教师提供更多支持，因为他们为学生提供服务（Nelson et al.，2009）。总会有批评者认为，针对学校儿童青少年的普通教育和特殊教育服务与心理健康服务明显不同。然而，从普遍性、选择性和指征性的预防和干预角度出发，将为学校学生提供的服务概念化，可以使"研究和实践与全面的和可能更有效的公共卫生模式更紧密地结合起来"（Nelson et al.，2009，p. 478）。

本章结语

现在，人们逐渐认识到自杀问题是一个重大的公共卫生问题。20 世纪 90 年代，联邦政府采取的举措促使社区和学校更加重视自杀及其预防。有人提出了几种基于社区的公共卫生策略来预防自杀，例如手段限制、危机热线服务和公共教育，所有这些策略都显示出成功的希望和成效。解决学校儿童青少年问题的公共卫生策略也成为人们越来越感兴趣的话题，特别是三级预防模型，它包括针对所有学生制定普遍性的初级预防方案，确定有潜在自杀风险的学生并为其提供选择性干预措施，以及为有问题的高风险学生或已经遇到问题的学生提供三级干预措施。

　　本书前三章提供了青少年自杀问题的背景知识，说明了学校应该参与青少年自杀预防工作的理由，以及为什么采用公共卫生策略解决自杀问题是一个合理、明智的选择。接下来的各章将侧重于讨论学校如何实施具体有效的预防、评估和干预策略，以防止青少年自杀行为的发生。

讲义 3–1

美国国家自杀预防战略：行动目标

- **目标** 1：提高对自杀是一个可预防的公共卫生问题的认识。

- **目标** 2：为预防自杀提供广泛支持。

- **目标** 3：制定和执行策略以减少接受心理健康、物质滥用和自杀预防服务的相关污名。

- **目标** 4：制定并实施自杀预防项目。

- **目标** 5：致力于减少获取致命手段和自我伤害方法的机会。

- **目标** 6：实施培训以识别潜在自杀风险并提供有效的治疗。

- **目标** 7：开发和促进有效的临床与专业实践。

- **目标** 8：改善与心理健康和物质滥用服务的社区联系。

- **目标** 9：改进娱乐和新闻媒体对自杀行为、心理疾病以及物质滥用的报道与描述。

- **目标** 10：促进和支持有关自杀及其预防的研究。

- **目标** 11：改进和扩展监测系统。

讲义 3 - 2 ●━●━●━●━●━●━●━●━●━●━●━●━●━●━●━●━●━●━●━●

美国卫生局局长对心理健康、
心理健康问题和心理疾病的界定

● **心理健康**是指有效发挥心理功能的一种状态,使活动富有成效,能与他人建立令人满意的关系,具有适应变化和应对逆境的能力。心理健康对个人福祉、家庭和人际关系,以及对社区或社会的贡献都至关重要。在问题出现之前,人们很容易忽视心理健康的作用。然而,从童年早期到死亡,心理健康是思考和沟通能力、学习、情感成长、心理韧性和自尊的基础,这些是每个人成功对社区和社会作出贡献的必备要素。美国人被关于成功的信息淹没(在学校里、在工作中、在养育子女和人际关系上),没有意识到成功建立在心理健康的基础上。(USDHHS, 1999, p. 4)

● **心理健康问题**(该术语用于)指强度或持续时间不足以满足任何心理障碍标准的体征和症状。几乎每个人都经历过心理健康问题,在这种状况下,个体感受到的痛苦与心理障碍的一些体征和症状相吻合。心理健康问题需要在健康促进、预防和治疗方面作出积极努力……(在某些情况下),在心理健康问题成为潜在的危及生命的障碍之前,需要进行早期干预来解决这一问题。(USDHHS, 1999, p. 5)

● **心理疾病**是指所有可诊断的心理障碍的统称。心理障碍是

来源:戴维·N. 米勒(David N. Miller)的《儿童青少年自杀行为:学校预防、评估和干预》(*Child and Adolescent Suicidal Behavior: School-Based Prevention, Assessment, and Intervention*)。版权所有ⓒ 2011 The Guilford Press. 仅允许本书的购买者影印本讲义供个人使用(详见版权页)。

一种不健康状态，其特征是与痛苦和/或功能受损相联系的思维、情绪或行为（或其中的某些组合）的改变……这种改变会导致许多问题，例如患者感到痛苦、功能受损、死亡的风险增加、疼痛、残疾或丧失自由。（USDHHS，1999，p. 5）

讲义 3-3 ●●●

传统公共卫生服务和对应的学校心理健康服务

传统公共卫生服务

1. 监测健康状况以确定社区健康问题。

2. 评估和调查社区中的健康问题和健康危害。

3. 告知、教育和增强人们对健康问题的认识。

4. 动员社区合作关系，以识别和解决健康问题。

5. 制定政策和计划来支持个人和社区的健康工作。

6. 执行保护健康和确保安全的法律法规。

7. 将人们与所需的个人健

对应的学校心理健康服务

1. 监测学生的心理健康状况，包括他们的学业、社会、情感、关系能力。

2. 评估和调查学生的情感、行为和心理健康问题。

3. 告知、教育和增强学生及其家长对心理健康问题的认识。

4. 动员学校—家庭—社区合作关系，以识别和解决学生的情感、行为和心理健康问题。

5. 制定政策和计划来支持学生、家庭、学校和社区的心理健康工作。

6. 实施保护学生的心理健康和确保发展能力的政策和做法。

7. 根据需要将学生及其家庭与普

康服务联系起来，并确保
得不到其他服务时，能够
提供健康保健。

遍性、选择性和指征性干预联
系起来。

8. 确保有合格的公共卫生
和个人健康保健人员。

8. 在干预过程中提供适当的员工
培训和监测。

9. 评估个人和群体健康服务
的有效性、可用性和质量。

9. 评估学校心理健康服务的有效
性、可用性和质量。

10. 研究健康问题的新见解
和创新性解决方法。

10. 研究提升心理健康的新见解和
创新性方法。

摘自多尔和卡明斯的研究（Doll & Cummings，2008a）以及医学研究所（Institute of Medicine，1988）。

讲义 3 – 4

有效预防与能力提升项目的共同原则

有效预防与能力提升项目是：

- 理论驱动；

- 循证；

- 注重行为改变以及个人和社会能力的提升；

- 使用有效的策略改善行为和能力；

- 认识到多重环境影响的重要性；

- 促进与成年人和亲社会同伴的联系；

- 允许采用灵活的方法来满足目标人群和环境的需求、偏好和
  价值；

- 基于数据进行评估和改进；

- 正确有效地实施。

摘自邦德等人的研究（Bond & Carmola Hauf，2004）、杜尔拉克的研究（Durlak，2009），以及内申等人的研究（Nation et al.，2003）。

第四章

普遍性学校自杀预防项目

任何影响人类的群体性疾病都无法通过治疗个体而得到控制或消除。

——乔治·W. 阿尔比（George W. Albee）

促进所有美国人的心理健康需要科学知识，但更重要的是社会决心，我们将进行必要的投资。这种投资不需要巨额预算，相反，它要求我们每个人都愿意对自己和他人进行心理健康和心理疾病的教育，从而应对仍然是我们面前障碍的态度、恐惧和误解。

——戴维·萨彻（David Satcher）

一盎司的预防胜过一磅的治疗。

——本杰明·富兰克林（Benjamin Franklin）

普遍性学校自杀预防项目的对象是某一特定人群中的所有学生（例如，班级中的所有学生、学校中的所有学生、学区中的所有学生），不论其自杀风险如何。普遍性学校自杀预防项目的一个关键假设是,青少年面临的自杀风险"往往得不到识别、确诊和治疗,因此对学生和守护者(例如学校工作人员)进行适当应对措施的教育能够更好地识别有潜在风险的青少年,鼓励更多人寻求帮助并接受治疗"(Hendin et al.,2005)。事实上,普遍性学校自杀预防项目似乎是学校中使用最广泛的方法之一。在有关学校自杀预防项目的文献综述中,我们发现,13 个研究中有 10 个被归为普遍性学校自杀预防项目(Miller,Eckert,& Mazza,2009)。

　　普遍性学校自杀预防项目的主要目的是,向学生和学校工作人员提供与自杀相关的实用信息,并且使他们了解学校会如何应对这一问题。学校心理健康专业人员,如学校心理教师、学校辅导员和学校社会工作者,通常是领导这些信息课程最合适的专业人员。

　　普遍性学校自杀预防项目试图尽可能多地覆盖学生和学校工作人员,以便发现极少数可能存在潜在自杀风险的学生(Berman,2009)。以往

> 普遍性学校自杀预防项目试图尽可能多地覆盖学生和学校工作人员,以便发现极少数可能存在潜在自杀风险的学生。

许多普遍性学校自杀预防项目持续时间都很短,倾向于提倡压力模型(即向学生暗示,自杀行为可能由极度的压力导致),并且没有评估该项目对更严重的自杀行为的效果。然而,有研究表明,普遍性学校自杀预防项目应该持续更长时间,将重点放在全面的心理健康上,并评估该项目对更广泛的自杀行为(例如,自杀表达、自杀未遂)的效果,而不是只注重知识和态度的改变(Miller,Eckert,&

Mazza，2009）。

普遍性学校自杀预防项目应该包括向学生和学校工作人员提供自杀的一般知识和信息，特别是青少年自杀的知识。因为有潜在自杀倾向的青少年更可能向同伴而不是成年人吐露自己的自杀想法或行为（Kalafat & Lazarus，2002），因此向所有学生提供关于自杀的知识尤为重要。事实上，在一个普遍性学校自杀预防项目中提供关于自杀的知识后，学生更有可能与学校里的成年人联系，表达对同伴自杀行为的担忧，而不是去找学校专业人员进行自我转介。

> 普遍性学校自杀预防项目应该包括向学生和学校工作人员提供自杀的一般知识和信息，特别是青少年自杀的知识。

向学校工作人员介绍有关自杀的知识也很重要，因为他们经常与学生接触。虽然向学生和学校工作人员提供的大部分知识相同，但也会有一些变化。例如，教师和其他学校工作人员应该注意学生完成的作品，如艺术作品或书面作业。如果学生的绘画作品清楚显示自杀倾向（例如，一个人悬挂在树上或一个人用枪指着另一个人的头），应立即引起学校心理健康专业人员的注意。

学校工作人员应该意识到，学生的写作和艺术作品可能会很好地揭示学生的情绪状态，并且可以作为一种可能的自我表达工具，来增加学生与

> 因为有潜在自杀倾向的青少年更可能向同伴而不是成年人吐露自己的自杀想法或行为，因此向所有学生提供关于自杀的知识尤为重要。

学校工作人员的联系。因此,要求学生完成艺术作品或书面作业的老师应该仔细检查学生的艺术作品或书面作业。我知道,有一位家长看到儿子在一次创意写作中描述他正想伤害自己,家长因此感到很震惊。考虑到这份作业是为了完成老师的任务,这个学生显然是想把自己的情绪问题告诉老师。不幸的是,老师回应这份作业时采取的唯一行动是打上一个钩,表明她承认学生已经完成写作任务。虽然可能不是故意的,但在这种情况下,老师对学生情绪上的痛苦传达的唯一信息就是她对此漠不关心。

为全体学生和学校工作人员提供有关青少年自杀的知识和信息

应该向全体学生和学校工作人员提供有关自杀的人口统计学信息,消除常见的误解和可能提高自杀概率的各种风险因素,教授自杀行为的可能的警示信号,以及增强可能降低自杀概率的保护因素。一些学生可能接触到有抑郁或自杀倾向的同伴,教导他们对同伴采取适当的应对措施是一种有用的和值得推荐的普遍做法,向学生和学校工作人员提供关于学校和社区资源的信息,以方便他们获得帮助(Kalafat,2003;Mazza & Reynolds,2008)。

这一层次的重点不在于全

> 应该向全体学生和学校工作人员提供有关自杀的人口统计学信息,消除常见的误解和可能提高自杀概率的各种风险因素,教授自杀行为的可能的警示信号,以及增强可能降低自杀概率的保护因素。

面介绍所有相关问题，而在于强调对预防工作至关重要的信息。例如，人们经常建议，普遍性学校自杀预防项目应为学生提供关于自杀的常见误解的信息。其中一个误解（详见第一章）是，大多数死于自杀的青少年都会留下自杀遗书。人们可以与学生和学校工作人员讨论并消除这一误解，很明显，这样做虽然可能会提供一些令人关注的信息，但很可能不会产生有意义的结果（即减少学生自杀未遂的次数）。一些误解尤其有害，因为人们相信这些误解并采取行动，这往往会破坏学校在预防自杀方面的努力。

> 我建议学校心理健康专业人员每年向学校所有人员提供有关青少年自杀行为的信息，包括教学人员、行政人员和辅助人员。

在我看来，本章介绍的内容与学校自杀预防的关联最为直接。我建议，学校心理健康专业人员应向学校所有利益攸关方，特别是初中和高中的利益攸关方提供本章介绍的相关信息。例如，我建议学校心理健康专业人员每年向学校所有人员，包括教学人员（例如教师、教师助理）、行政人员（例如校长、副校长），以及辅助人员（例如校车司机、秘书、自助餐厅工作人员、维修人员）提供有关青少年自杀行为的信息。同样，我建议每年也向所有初中生和高中生提供这方面的知识和信息。学校心理健康专业人员应明确表示，在提供这些知识和信息后，他们将随时接受后续任何问题的咨询。

可以通过各种方式向学生提供有关自杀行为的知识和信息并进行交流。我不建议在全校范围内向所有学生提供信息并进行交流,即在一个大礼堂向一大群学生或在同一时间和地点向学校所有学生提供信息。相反,我建议在不同教室与学生分享这些信息,也可以作为健康课单元的一部分分享。在我看来,这种安排有诸多好处。首先,它允许学校心理健康专业人员在一个更小、更舒适的环境中与学生见面和交流。给学生留下一个初步的好印象很重要,学校心理健康专业人员应该表现得轻松、有见识、友好和平易近人。给学生留下良好的第一印象有助于与他们建立良好的关系,并减少学生可能对学校心理健康专业人员职能与角色的困惑和/或焦虑,特别是他们在预防自杀方面所起的作用。

在教室与学生会面比在大型会议厅或礼堂更有利于提问,学生有时间就提供的信息提出问题。青少年自杀是一个潜在困扰学生的话题,也是他们感兴趣的话题。请记住,仅仅谈论自杀并不会"把自杀想法灌输到他们的脑海中"。此外,认真而诚实地回答学生可能提出的有关自杀的任何问题,都会传达出一个明确的信息,即学校工作人员认为这是一个严重的问题,他们愿意并能够以开放的方式讨论这一问题,并积极主动地采取行动。

人口统计学信息

第一章提供了关于一般自杀行为,特别是青少年自杀行为的人口统计学信息。虽然充分认识到这些信息对学校心理健康专业人员很有用,但并非所有这些信息都与学生和其他学校人员直接相关。学校心理健康专业人员应该利用第一章提供的人口统计学信息来发展他们的信息呈现内容，并在发现和改进与人口统计学变量有关的新研究成果时定期更新这些信息。因此，应提供与学生和学校工作人员相关且对他们有用的人口统计学信息，包括：

- 全球和美国的自杀问题。
- 全球和美国的青少年自杀问题。
- 自杀行为（如自杀意念、自杀表达、自杀未遂）的概念比自杀更宽泛，并解释这些差异意味着什么。
- 年龄、性别、种族、地理环境、性取向和社会经济地位对自杀行为的影响。

误解和现实

第一章讨论了有关青少年自杀的常见误解。本章最后所附的讲义 4－1 列出在我看来特别重要的 11 个常见误解，与学生和学校工作人员分享。本书其他章也详细阐述了其中的一些误解，为学校工作人员提供了更多信息。讲义 4－1 提供的信息通常足以消除一些有关青少年自杀的严重误解。学校工作人员如果想了解更多有关自杀的误解，或者了解是什么阻碍了自杀预防和干预的努力，可以阅读乔伊纳有关自杀误解的书（Joiner，2010）。

有助于解释或预测青少年自杀行为的变量

有助于解释或预测青少年自杀行为的变量可分为两大类：一是可能使青少年倾向于实施自杀行为的风险因素；二是可能表明

发生自杀危机的警示信号(Van Orden et al., 2008)。虽然风险因素和警示信号往往相互关联,但它们之间有重要的区别,最显著的区别也许是,风险因素与自杀行为的时间关系更为遥远,而警示信号与自杀行为的时间关系更为接近(Van Orden et al., 2008)。此外,风险因素通常长期存在,不易改变,并且根据实证证据得出(即通过研究确定)。与此相反,警示信号具有更强的动态性,一般从临床实践和经验而不是从研究文献中得出(Joiner et al., 2009;Rudd et al., 2006)。

> 有助于解释或预测青少年自杀行为的变量可分为两大类:一是可能使青少年倾向于实施自杀行为的风险因素;二是可能表明发生自杀危机的警示信号。

风险因素

虽然已经确定许多自杀风险因素,但最突出的两个因素是:(1) 至少存在一种心理健康障碍;(2) 有自杀行为史,特别是自杀未遂。在向学生和学校工作人员提供有关青少年自杀的知识和信息时,必须明确这两个风险因素最重要。本节将详细讨论这两个突出的风险因素,然后简要回顾青少年自杀行为的其他风险因素。

> 虽然已经确定许多自杀风险因素,但最突出的两个因素是:(1) 至少存在一种心理健康障碍;(2) 有自杀行为史,特别是自杀未遂。

伴心理健康障碍

青少年自杀最有力的风险因素是存在一种或多种心理健康障

碍。心理解剖（psychological autopsies，即对自杀者的家人和/或朋友进行有组织的访谈）的调查结果估计，大约90%死于自杀的青少年在死亡时至少有一种心理健康障碍（Miller & Eckert，2009）。这一信息对学生和学校工作人员来说很重要，而且应该让学生和学校工作人员清楚地知道，与此相反的说法不正确（也就是说，90%的心理障碍患者死于自杀的说法不正确）。

> 自杀死亡的青少年表现出的最常见的心理障碍依次是情绪障碍、物质相关障碍和破坏性行为障碍。

自杀死亡的青少年表现出的最常见的心理障碍依次是情绪障碍（如重度抑郁症、心境恶劣障碍、双相情感障碍）、物质相关障碍（如酒精和/或药物滥用）和破坏性行为障碍（Fleischmann et al.，2005）。虽然绝大多数临床抑郁的青少年没有自杀，也并非所有自杀青少年都临床抑郁（Reynolds & Mazza，1994），但42%～66%的自杀青少年似乎在死亡前一直经历某种类型的抑郁症（Fleischmann et al.，2005；Shaffer et al.，1996）。单相抑郁症（例如，重度抑郁症、心境恶劣障碍）和双相情感障碍都会增加青少年自杀行为的可能性。

与青少年自杀有关的其他心理障碍包括焦虑症（如惊恐障碍、创伤后应激障碍）、精神分裂症、边缘型人格障碍和适应障碍（Brent et al.，1993；Mazza，2000；Mazza & Reynolds，2001；Moskos，Olson，Halbern，Keller，& Gray，2005；Shaffer et al.，1996）。神经性厌食症和贪食症等饮食障碍也会增加自杀行为的风险。虽然厌食症和贪食症都增加了自杀意念和自杀未遂的风险，但只有厌食症与自杀死亡风险的增加有关（Joiner et al.，2009）。

虽然绝望不是一种可诊断的心理障碍，但它与青少年自杀高度相关（Thompson，Mazza，Herting，Randell，& Eggert，2005），并且可能是自杀的风险因素或警示信号。第一章讨论一些著名的自杀理论时，你会想起贝克关于绝望在自杀行为发展中的核心地位的理论。绝望是自杀的一个关键变量，它对特定心理障碍的评估和治疗都有影响。正如乔伊纳及其同事（Joiner et al.，2009）指出的："无论临床诊断或生活环境如何，自杀都是一种以普遍绝望为特征的行为。"（p. 192）

与青少年自杀有关的其他变量包括同伴欺凌（Brunstein Klomek，Marrocco，Kleinman，Schonfield，& Gould，2008）、性虐待和/或身体虐待（Joiner et al.，2006）以及自我伤害（Miller & Brock，2010）。事实上，大多数因自杀而死亡的青少年都有共病性精神障碍和/或心理健康问题（Miller & Taylor，2005）。也就是说，他们同时出现两种或两种以上障碍/问题，这常常使对他们的评估和治疗变得相当困难。大量存在共病形式的心理病理症状的发现一致表明，自杀不是孤立发生的，而是其他心理健康问题的副产品（Mazza，2006）。

既往自杀行为

除了心理病理学因素外，自杀的另一个显著风险因素是曾经有自杀行为，尤其是自杀未遂。在青少年和成人样本中都发现了这

> **一次或多次自杀未遂史是将来自杀的最佳预测变量。**

种关系（Joiner et al.，2005）。例如，先前的一次自杀未遂显著提高了将来青少年自杀的风险（Borowski，Ireland，& Resnick，2001）。一项适用于所有行为（包括自杀行为）的普遍原则是，预测未来行为的最好指标是过去的行为。因此，一次或多次自杀未遂史是将来自杀的最佳预测变量。

其他风险因素

表现出较温和自杀行为（如自杀意念），但未得到充分治疗或未得到治疗（如未接受抗抑郁药物治疗或心理治疗）的儿童青少年自杀的风险也会增加。美国少数族裔青少年可能受到各种风险因素的影响（欧裔美国青少年可能较少面临），如种族歧视、适应压力、宿命论哲学和消极应对策略（Gutierrez & Osman，2008）。如第一章所述，性少数群体的青少年似乎比异性恋青少年更容易产生自杀意念并自杀未遂。因同伴死亡而接触自杀也可能是一个加剧的风险因素，特别是在已经有潜在自杀风险的人中（Berman et al.，2006）。因此，强烈建议对自杀者的亲密朋友进行自杀风险评估。下一章将详细讨论自杀风险评估的方法和程序。

已确定的导致青少年自杀的其他风险因素包括（Brock，Sandoval，& Hart，2006；Joiner，2005；Lieberman et al.，2008）：

- 血清素功能方面的生物缺陷。
- 社会隔离。
- 心理健康服务资源获取受限。

- 问题解决和应对能力差。

- 自尊低下。

- 功能失调的养育方式或家庭环境。

- 亲代心理病理问题。

- 文化或宗教信仰。

- 获得致命武器，尤其是枪支。

- 反复卷入或暴露于暴力环境。

自杀行为的可能警示信号

相比于风险因素，自杀的警示信号更具动态性，也更能提示自杀可能性的增加（Van Orden et al.，2008）。美国自杀学会召集一个工作组审阅了有关自杀行为的研究文献，并就一系列可能的自杀警示信号达成共识（Rudd et al.，2006）。这些警示信号应与所有学生和学校工作人员共享，包括：

- 绝望。

- 愤怒、怨恨，寻求复仇。

- 鲁莽行事或不加思考地从事有风险的活动。

- 感觉被困住了，似乎没有出路。

- 酗酒或药物滥用。

- 远离朋友、家人或社会。

- 焦虑和/或激越。

- 无法入睡或过度睡眠。

- 情绪急剧变化。

- 感到没有活下去的理由,也没有人生目标(Rudd et al.,2006)。

美国自杀学会还创造了一种记忆自杀警示信号的有用方法:
IS PATH WARM?

- I代表自杀意念(suicidal ideation)。

- S代表物质滥用(substance abuse)。

- P代表无目的感(purposelessness)。

- A代表焦虑和激越,包括无法入睡(anxiety and agitation)。

- T代表感觉被困住(trapped)。

- H代表绝望(hopeless)。

- W代表退缩(withdrawal)。

- A代表愤怒(anger)。

- R代表鲁莽(recklessness)。

- M代表情绪波动(mood fluctuations)。

关于警示信号,有几点值得注意。首先,目前已知的许多警示信号还没有得到专门针对青少年自杀行为的验证,还需要更多研究来确定儿童青少年和成年人的急性自杀风险是否存在差异(Van Orden et al.,2008)。其次,虽然赠送财产经常被认为是自杀的警示信号,但没有实证证据支持这一论点,因此没有将这一点列为警示信号。最后,也许最重要的是,很多青少年都会表现出一个甚至几个警示信号,但从来没有发生过自杀行为,目前还不清楚多少警示信号或者它们的组合,是自杀的最佳预测因素。同样,并非所有因自杀而死亡的青少年都会显示出以上所有或部分警示信号。正如乔伊纳(Joiner,2010)所指出的,"绝大多数有自杀风险的人不会自杀,而许多自杀的人并不具备风险因素"(p. 31)。然而,除了前述风险因素,表现出多个警示信号的青少年应被视为自杀风险高,并由学校心理健康专业人员进行个性化评估。

情境性危机、压力生活事件和突发事件

当急性情境性危机或压力生活事件(如丧失某种人际关系)与其他长期风险因素(如抑郁症、物质滥用和/或获得致命手段)同时出现,自杀行为的风险就会增加(Gould & Kramer,2001;Lieberman & Poland,2002)。几种不同类型的压力事件可能导致青少年自杀行为的发生。虽然这些事件不会直接引发自杀行为,但它们有可能潜在地诱发易感学生的自杀行为。尽管随着压力事件的数量和情绪强度的增加,在生活中已有自杀倾向的青少年的自杀风险也会增加,但并没有一个特定的压力事件可以高度预测自杀行为(Miller & McConaughy,2005)。本章最后所附的讲义4-2列出可能引发或加速自杀行为的几种压力事件。

保护因素

许多具备明显自杀风险因素的青少年没有发生自杀行为,这表明存在各种保护或弹性因素(Beautrais,2007)。保护因素指有证据证明与降低自杀行为风险相关联的变量(如中介变量或调节

变量）（Gutierrez & Osman，2008）。虽然对这方面的工作投入正在增加，但与风险因素相比，对保护因素的研究还较少。因此，人们对哪些因素可能会降低自杀行为的风险知之甚少（Berman et al.，2006）。一些初步确定的保护因素包括：（1）解决和应对社会问题的能力；（2）自尊；（3）来自同伴和（特别是）父母的社会支持。此外，研究也发现了许多其他保护因素，虽然不是针对自杀，但往往可以抵消其他风险因素（Doll & Cummings，2008a）。包括：

- 亲密的同伴友谊。
- 高自我效能。
- 对生产性活动（例如，学校活动）的高度投入。
- 温暖的人际关系和成年人的指导。
- 响应迅速的学校。

教会学生如何获得帮助

任何普遍性学校自杀预防项目都应该向所有学生提供如果他们有自杀倾向，或者如果他们怀疑自己认识的人可能有自杀倾向，他们应该做些什么的信息。应该为学生提供多种途径，让他们有不同的选择，这样他们就能放心地分享自己的担忧（例如，告诉自己信任和喜欢的老师）。这一过程的一个主要障碍是：自杀行为风险最高的青少年通常最

> 自杀行为风险最高的青少年通常最不可能向他人寻求帮助。

不可能向他人寻求帮助(Berman et al.，2006)。换句话说，自杀想法和其他自杀行为可能成为一些儿童青少年获得帮助的障碍，这种现象称为拒绝帮助(help-negation)(Rudd，Joiner，& Rajab，1995)。越来越多的文献支持，在高中生和大学生非临床样本中会出现拒绝帮助现象。例如，有研究(Carlton & Deane，2000)发现，在新西兰高中生样本中，自杀意念的存在与寻求帮助存在负相关关系，这一发现后来在澳大利亚(Deane，Wilson，& Ciarrochi，2001)和美国大学生(Fur，Westfield，McConnell，& Jenkins，2001)中得到验证。一项涉及美国学生($n=1\,455$)的研究发现，只有20%的报告有自杀想法的被试寻求过心理咨询。

许多高自杀风险的青少年(通常是青少年男性)表现出特定的核心信念，这些信念使他们在应对抑郁和自杀行为时使用适应不良的策略(Gould et al.，2004)。例如，许多青少年有一种强烈的认知信念，即人们应该能够在没有外界帮助的情况下"处理"自己的问题。不幸的是，这一青少年群体中同伴为他们做的事不太可能特别有帮助，因为同伴自己往往也有心理健康问题。古尔德及其同事(Gould et al.，2004)指出，认知行为方法对评估学生的应对策略，以及他们如何看待寻求帮助来解决问题都有用。学校工作人员也可以经常沟通和强化这样一种观念(如第三章描述的美国空军自杀预防项目所做的那样)，即获得帮助不是软弱的表现，而是力量的表现——一种愿意诚实地承认自己有问题的力量。事实上，以美国空军自杀预防项目为例可能对男性特别有帮助，因为这一群体最有可能拒绝帮助。

有各种因素可能影响儿童青少年在自杀或其他问题上寻求帮助的行为（Srebnik，Cauce，& Baydar，1996）。例如，有研究者（Cigularov，Chen，Thurber，& Stallones，2008）调查了科罗拉多州854名高中生自我报告的为自己和帮助朋友寻求帮助的障碍。学生认为，为自己寻求帮助的主要障碍是：（1）无法与成年人讨论自身问题；（2）认为应该自己处理这些问题；（3）害怕住院治疗；（4）对学校成年人缺乏亲近感。学生认为，帮助朋友寻求帮助的主要障碍包括：（1）担心对朋友的情况作出错误判断；（2）认为学校成年人不易接近；（3）害怕朋友住院；（4）低估朋友的问题的严重性。

这一研究和其他研究的结果表明，心理脆弱的学生明显不愿意寻求帮助以解决他们的问题（例如，Carlton & Deane，2000；Zwaaswijk，Van der Ende，Verhaak，Bensing，& Vernhulst，2003）。上述结果对普及学校自杀预防工作具有重要意义。特别是，研究表明，学校工作人员通常需要与学生建立牢固的关系，这样学生才更可能认为学校工作人员是友善的，对他们或同伴的自杀行为能有所帮助。学校工作人员需要向学生提供服务并表达对他们的支持，这对男性尤为重要，因为他们实际自杀的风险比女性高得多。此外，应该教导学生，自杀行为的基础往往是心理健康问题，例如抑郁症，这在儿童特别是青少年中很常见，为此寻求帮助类似于为身体问题寻求帮助。事实上，强调生理上对抑郁症和自杀行为的易感性，可能对青少年，特别是男生有帮助,他们可能愿意接受自己有身体健康问题,而不愿承认自己有心理健康问题,特别是在他们认为自己因心理健康问题而受到"责备"的情况下。

> 学校工作人员通常需要与学生建立牢固的关系,这样学生才更可能认为学校工作人员是友善的,对他们或同伴的自杀行为能有所帮助。

学生课程项目的局限性

尽管向所有学生提供关于自杀行为的信息是值得推荐的做法,但学校工作人员应当认识到这种做法存在一定的局限性。例如,正如前面所提到的,有迹象表明自杀风险最高的学生从这些项目中获得的益处可能比没有自杀风险的学生少。此外,有心理健康问题(包括自杀)的学生似乎不太可能参加自杀预防教育项目。最后,面临辍学或被开除风险的青少年、少年拘留所的青少年、离家出走和无家可归的青少年,以及被安置在替代学校的青少年比主流学校的青少年有更大的自杀风险(Berman,2009)。因此,最需要学校自杀预防项目的许多青少年参与项目或从中受益的可能性最小。学校工作人员应意识到这一问题,并积极主动地向这些青少年及其同伴伸出援手。

至关重要的是,特定人群中的所有学生都要接受自杀预防项目,尽管并不是所有人(甚至大多数人)都有高风险的自杀行为(他们通常不会),这是因为在本书描述的三级预防模型中,普遍性学校自杀预防项目是重要的"第一步"。更具体地说,它可以帮助确定哪些学生需要次级干预（选择性干预）或三级干预（最高层级／个性化干预）。最后，我们建议学校工作人员牢记：如果普遍性预防项目不适用于特定人群中的所有学生，那么从定义上说，它们并不是真正的普遍性预防项目。

普遍性学校自杀预防项目有效性的最大化：学校氛围、学校满意度和学校联结的重要性

要最大限度地发挥普遍性学校自杀预防项目的作用，积极的学校环境必不可少，其特点为：人际温暖、公平、合作和开放交流。儿童青少年的积极和健康发展在一定程度上取决于，个人在学校等关键社会环境中以积极和受欢迎的方式互动的程度。学校可以创设丰富的环境（不仅包括教育层面，而且包括情感、行为和社会层面），以促进儿童青少年的心理健康和福祉（Baker & Maupin，2009）。

这方面特别值得关注的三个变量是学校氛围、学校满意度和学校联结。学校氛围是指学生与学校工作人员互动的环境。积极的学校氛围使学生感到安全和有保障，强调学生的参与，学生与学校工作人员之间的关系高度积极、相辅相成。学校氛围也与学生对学校的满意度密切相关。

学校满意度是指学生对学校生活质量的主观认知评价（Baker & Maupin，2009）。一直以来，学校满意度与教师和学生之间温暖的情感支持、相互信任的态度，积极的同伴关系，以及学

生认为学校工作人员会在必要
时提供帮助有关。学生认为，
支持性的、积极的、没有攻击和
暴力的课堂环境与学生对学校
的满意度密切相关（Baker &

> 为了最大限度地提高普遍性学校自杀预防项目的有效性，学校工作人员应该解决与学校氛围、学校满意度和学校联结有关的问题。

Maupin，2009）。贝克及其同事（Baker，Terry，Bridger，& Winsor，1997，p. 586）认为，这种学校是以"心理健康环境"为特征的"关爱社区"，为最广泛意义上的学习（即学业、社交、情感等各方面的学习）创造了最佳条件。

学校联结与学校满意度密切相关，但又不完全相同。学校联结可以定义为"学生在学校环境中感觉到被他人接受、尊重、包容和支持的程度"（Goodenow，1993，p. 80）。越来越多的证据表明，学校联结是促进学生获得积极的教育、行为和社会结果的基本保护因素（Griffiths，Sharkey，& Furlong，2009）。学校联结也越来越被认为是促进学生心理健康的一个重要参数。例如，在 2 000 多名学生的样本中发现，学校联结是防止抑郁和其他心理健康问题发展的一个重要保护因素（Shochet，Dadds，Ham，& Montague，2006）。此外，鉴于无归属感可能是导致自杀行为发展的一个重要因素（Joiner，2005，2009），加强学生的联结可能是有效的自杀预防和干预策略。

积极的学校氛围更有可能使学生对自己的教育经历感到满意，并与学校和学校工作人员有密切的联系。拥有积极氛围的学校的学生不太可能出现心理健康问题，即使出现问题，他们也更有可能寻求帮助，学校工作人员也能更有效地为他们提供帮助。因此，创造积极的学校氛围和健康的课堂氛围应被视为一种普遍性策略，可作为学生心理健康问题，包括自杀行为发展和维持的一种潜在调节变量。

改善学校氛围：表扬和其他普遍性策略示例

改善学校氛围的一个简单而实用的方法是，增加学校工作人员与学生的积极互动。研究表明，在小学早期，教师与学生之间积极互动的比例最初很高，但随着儿童年龄的增长，这一比例显著下降，学生通常会与教师和学校其他人员产生大量的消极互动，特别是在初中和高中（Maag，2001）。随着年龄的增长，学校满意度和学校联结通常会相应地降低，这一点不足为奇。为了抵消这种影响，教师和学校其他人员可以通过增加适当的口头表扬和亲社会互动来与学生进行更积极的互动。与惩罚和训斥相比，经常使用表扬的教师，其学生的学业成就和学校参与水平较高，破坏性行为水平较低（Flora，2000；Sawka-Miller & Miller，2007）。

例如，我曾在一所为有严重情绪和行为障碍的学生开设的走读学校（理海大学百年纪念学校）担任学校心理学家，所有教师都接受了教育和培训（通过直接指导和表现反馈），以使教师对学生的积极陈述与消极或中性陈述的比例较高（4：1）。有情绪和行为障碍的学生经常发现，自己与学校工作人员的消极互动持续不断

（Jenson，Olympia，Farley，& Clark，2004），实施这种普遍性干预策略是为了使学校环境更有利于学生，增加学生和学校工作人员之间的亲社会互动。为了使这一过程有效，教师需要监控自己的行为，积极寻找学生表现出的闪光点，并立即真诚而热情地给予表扬（例如，"约翰，我真的很欣赏你能全身心投入自己的论文，保持这个好状态！"）。通过这一干预，学校氛围更加积极，学生与学校工作人员之间的关系也得到改善。

为了增加学生在学校的积极体验，百年纪念学校成功实施的其他干预包括，（基于课程评估）为学生安排适合他们水平的教学内容，全年设定融入"精神日"*的活动（如"疯狂帽子日"），学校全体工作人员和学生都参与其中，以及成立学校氛围委员会，由学校工作人员组成，负责举办各种创造性活动（例如，学校嘉年华），以加强学校的积极氛围和培养学生与学校工作人员之间的良好关系（Miller，George，& Fogt，2005）。

另外，还实施了一些干预，以加强家长与学校工作人员之间的关系。这些干预最有益处的也许是，确保每个教师定期打电话给学生家长，尤其是当学生表现出值得表扬的行为时（例如，学生在拼写测试中获得 A，而他以前在拼写方面很糟糕）。在大多数学校，当家长接到学校工作人员的电话时，通常是为了提供关于学生的负面信息

＊ "精神日"（spirit day）是美国常见的一种校园文化活动，通常通过给与学校相关的体育队、俱乐部或课外活动中的学生加油来表达。被认为与更高的自尊和更好的学校表现相关联。——译者注

（例如，与另一名学生发生争执，被要求放学后留下来）。学校打电话给家长告知其好消息的情况很少。打电话告诉家长，他们的孩子有不当行为或问题行为，这可以理解，而且往往是必要的家校互动，但如果是家长和学校之间的主要或唯一互动，则往往会带来消极影响。

上述干预的共同要素是，设计意图是增加学生和学校工作人员之间的联结。总的来说，这些干预可以减少校园中的"消极氛围"（sea of negativity）（Jenson et al.，2004，p. 67），以及学校（特别是中学）经常出现的过分惩罚性做法（Maag，2001）。虽然这些干预都与青少年自杀行为无关，但每种干预都可能有助于青少年的积极发展，并促进学生更好地与学校和学校成年人建立联系。做到这些，自杀行为的风险可能会降低。

本章结语

普遍性策略被设计用于整个学生群体，包括特定班级、学校或学区的所有学生。在学校自杀预防方面，普遍性策略通常包括向学生和学校工作人员提供有关风险因素、警示信号、学校和社区资源以及如何获得帮助的信息。虽然普遍性项目应被视为学校自杀预防工作的一个重要组成部分，但学校工作人员面临的一个挑战是，向最需要自杀预防项目但未能从中受益的学生提供有效的服务。此外，还需要对有潜在自杀风险和高自杀风险的学生进行更深入的干预。最后，要使普遍性学校自杀预防项目发挥最大效力，需要充分解决与学校氛围、学校满意度和学校联结有关的问题。

讲义 4-1 ●━━━━━━━━━━━━━━━━━━━●

青少年自杀：误解与现实

1. **误解：** 与儿童青少年谈论自杀将增加自杀发生的可能性。

   现实： 没有证据证明这一信念。事实上，公开讨论自杀问题往往有益，可能会降低自杀风险。

2. **误解：** 自杀主要由压力引起，只要压力够大，任何人都可能会自杀。

   现实： 尽管压力生活事件可能是自杀危机的最终"导火索"，但压力本身并不足以导致自杀。自杀的原因很复杂，不是简单或单一的原因可以解释的。

3. **误解：** 有自杀倾向的人是疯了、失常了或精神错乱了。

   现实： 通常，当我们认为某人是"疯子"时，是因为他们有类似于自言自语或听到不存在的声音的行为，这些行为主要与精神分裂症有关。"精神错乱"不是心理术语。有自杀倾向的人不是"疯了"或"精神错乱"，但他们通常会遭受极度的情感痛苦，这在一定程度上由心理疾病引起，最常见的是抑郁症。

4. **误解：** 如果有人真的想自杀而死，就没有什么办法可以阻止他。

   现实： 自杀的人往往处于危机状态，当危机过去时，自杀行为也会终止。防止某人自杀并不能保证此人以后不会再次企图

来源：戴维·N. 米勒（David N. Miller）的《儿童青少年自杀行为：学校预防、评估和干预》（*Child and Adolescent Suicidal Behavior: School-Based Prevention, Assessment, and Intervention*）。版权所有© 2011 The Guilford Press。仅允许本书的购买者影印本讲义供个人使用（详见版权页）。

自杀。但是,许多被阻止自杀的人以后不会死于自杀(可以向学生提供塞登有关金门大桥自杀幸存者的研究的信息,详见第三章)。

5. **误解**:那些说要自杀的人不会真的自杀,他们只是在寻求关注,或者这只是"哭喊呼救"。

现实:对许多有自杀倾向的人来说,与其说自杀是"哭喊呼救",不如说是"痛苦的呼喊"。谈论自杀的人往往会企图自杀,这不只是引起人们注意的一种方式。

6. **误解**:自杀是人们"一时兴起"的冲动行为。

现实:虽然有些自杀行为看起来像是冲动行为,但情况通常并非如此。自杀未遂或自杀死亡的人通常会考虑很长一段时间,并制定具体的计划。

7. **误解**:12月份自杀人数增加,因为这个月有很多家庭节日,人们对孤独的感觉更加强烈。

现实:12月份自杀人数实际上有所减少。大多数自杀事件发生的季节是春天。

8. **误解**:听某些音乐,观看某些电影、视频或电视节目,会使人自杀。

现实:做这些事情可能对容易有自杀念头或行为的人产生潜在的负面影响。然而,如果一个人没有自杀念头,听某些音乐或观看特定的电影不会导致自杀。

9. **误解**:自杀可能是解决一个人问题的合理方法。

现实：自杀的青少年通常非常悲伤、沮丧和绝望。他们的痛苦非常真实，但他们可能不理解这种绝望和痛苦会减轻，甚至消失。

10. **误解**：抗抑郁药物会导致自杀。

现实：有一些证据表明，使用抗抑郁药物可能导致一些人有更多的自杀意念，但没有发现使用抗抑郁药物会导致更多的自杀未遂或自杀死亡。事实上，在某些情况下不使用抗抑郁药物可能更危险（第七章提供了关于这一问题的更多信息）。

11. **误解**：自杀会"传染"。

现实：在某些情况下，自杀可能发生在群体中。但这一现象并不像一些人认为的那样典型。

讲义 4 - 2
可能引发或加速自杀行为的压力事件

- 浪漫关系破裂。

- 受欺凌或迫害。

- 爱人或重要他人死亡。

- 意外怀孕；堕胎。

- 关系、社会、工作或经济损失。

- 可能会改变个人生活轨迹的严重伤害。

- 极度失望或被拒绝的个人经历。

- 与成年权威人物（如学校官员或警察）发生纠纷。

- 与家人发生冲突；家庭功能障碍。

- 父母离婚。

- 学校和家庭对学生的要求都很高。

- 学生在家庭环境中的照顾责任加重。

- 学生居住的社区暴力行为有所增加。

- 严重或晚期的身体疾病。

- 突然出现心理或身体健康问题。

- 学业失败以及在学校遇到其他问题。

(Kalafat & Lazarus，2002；Miller & McConaughy，2005)

第五章
自杀风险识别以及评估与干预相整合

对临床医生来说，没有比自杀行为更紧迫的问题了。然而，令人惊讶的是，临床医生处理这一人类最深刻问题的能力不足。

——戴维·H. 巴洛（David H. Barlow）

你得到的答案取决于你提出的问题。

——托马斯·库恩（Thomas Kuhn）

唯一好的评估是能带来有效干预的评估。

——弗兰克·M. 格雷沙姆（Frank M. Gresham）

第四章描述了普遍性学校自杀预防项目的一些可能的和推荐的组成部分。虽然普遍性学校自杀预防项目对学校综合自杀预防方法来讲是基本且必要的，但它本身存在不足。因此，还需要制定程序，以确定哪些学生可能有自杀行为风险，哪些学生处于高自杀风险。本章的主题是如何进行这种区分，包括这样做涉及的具体程序。

本章为学校如何有效识别有潜在自杀风险和（随后）高自杀风险的学生提供了一个模型。识别和评估是重要的第一步，以确定哪些特定的学生将需要比第四章描述的向所有学生提供的普遍性项目更密集的干预。判断学生是否有潜在自杀风险或高自杀风险，对于确定满足这些学生独特需求的干预水平很重要。也就是说，这些学生是否应该接受选择性干预（风险学生）或个性化的三级干预（高风险学生）。

有三种识别和评估方法：（1）普遍筛查；（2）基于人口统计学信息和其他已知的风险因素，或者通过学生或学校工作人员的转介，选择评估方法以识别有潜在自杀风险的学生；（3）如果普遍筛查或选定评估程序确定学生有自杀风险，则对其进行个人自杀风险评估。此外，本章也会提供程序，以区分有自杀倾向的学生与最初可能有自杀倾向但实际上进行非自杀性自伤的学生。许多学校专业人员报告，学校中的非自杀性自伤显著增加。关键是，学校工作人员，特别是学校基层心理健康从业者，要了解自杀与非自杀性自伤之间的相似之处和差异。最后，本章讨论了评估学生自杀和杀人的问题，特别是校园枪击事件。

普遍筛查方法

一直以来，教育和心理健康专业人员都是被动而不是主动地用预防、早期识别和补救措施来帮助有学业、行为和/或情绪问题的儿童青少年（Albers, Glover, & Kratochwill, 2007）。特别是，学校课堂的组织通常是为了促进典型学习者获得学业知识和技能，而不是为了服务和支持有特殊需要的学生，包括有心理健康需要的学生（Kratochwill，Albers，& Shernoff，2004）。尽管为预防、早期识别和治疗医学问题而进行的普遍筛查在公共卫生领域有着悠久的历史，但教育工作者和学校最近才开始发现这种方法的诸多好处。

筛查是一个识别可能有各种情绪、行为或学业问题风险的学生的过程，通常使用自我报告的方式。在公共卫生模式中，筛查项目通常用于将有特殊问题风险的学生与没有特殊问题风险的学生区分开来，以便采取额外的、更个性化的评估方法。根据评估结果将干预提供给有需要的学生。

自杀风险评估与干预相结合

传统上，学校的大多数评估方法和程序都是为了进行常模比较。也就是说，它们被用来评估不同领域的学生，以了解学生与其他同年级或同龄学生相比如何。这些评估经常用于作出诊断或分类决策，例如是否需要接受特殊教育。然而，近年来，对这些程序的不满越来越多，主要是因为它们在提供建议或监测干预方面往往不是很有帮助。因此，人们对评估方法和程序产生了浓厚的兴趣，例如用于评估学业问题的课程测量（Shinn，2008）和用于评估行为问题的功能行为评估（Steege & Watson，2008）。

这些评估方法的目的不是提供学生之间的常模比较或对他们

> 学生自杀筛查项目的主要目的是，识别需要额外评估和干预的学生。

进行分类，而是确定所需干预的目标的特定领域或技能，以作为基于数据的问题解决模型的一部分。换句话说，这种自杀筛查程序将评估与干预联系起来（Batsche, Castillo, Dixon, & Forde, 2008）。在青少年自杀预防的背景下，学生自杀筛查项目的主要目的是，识别需要额外评估和干预的学生。

自杀筛查项目概述

许多人认为，直接筛查可能出现自杀行为的学生是学校综合自杀预防项目的重要组成部分（即使不是核心组成部分）（例如，Gutierrez, Watkins, & Collura, 2004；Kalafat, 2003；Mazza, 1997；Miller & DuPaul, 1996）。筛查的使用得到广泛提倡，因为普遍性学校自杀预防项目可能不会（而且通常不会）识别出自杀行为风险最高的学生。筛查的目的是评估整个学生群体（例如整个学区、学校、班级的学生），在

> 许多人认为，直接筛查可能出现自杀行为的学生是学校综合自杀预防项目的重要组成部分（即使不是核心组成部分）。

这个意义上，它是一个普遍性程序，但由于它的首要目的是识别和干预被认为有潜在自杀风险的学生，因此筛查应该被视为选择性预防程序，而不是普遍性预防程序（Miller, Eckert, & Mazza, 2009）。

对有兴趣使用筛查程序来识别有潜在自杀倾向的青少年的学

校工作人员来说,存在几种选择。例如,雷诺兹(Reynolds,1991)设计了一个两阶段流程,已被广泛采用(Shaffer & Craft,1999)。第一阶段通常涉及执行一个普遍性(即整个学区、学校或班级)自我报告措施,旨在识别符合预设的自杀风险标准或临界值的青少年(自我报告法通常显示具有临床意义的临界值)。在第二阶段,所有自我报告得分高于预设临界值的学生,将由心理健康专业人员单独面谈,对其自杀风险进行更全面的评估。通过单独面谈被识别为有自杀风险的学生,将根据其自杀风险(低、中、高)进行分类,并提供满足他们特定需求的干预。

在雷诺兹的模型中,某一特定人群中的所有学生完成自杀意念问卷(Suicide Ideation Questionnaire,SIQ)(Reynolds,1988),这是一个旨在评估高中生自杀意念水平的简短自陈问卷。

> 已在学校实施的有用的筛查项目包括哥伦比亚青少年筛查和自杀迹象项目。

作为一种筛查工具,自杀意念问卷显得可靠、有效(Gutierrez & Osman,2009),并能成功识别原本没有成为干预对象的学生(Reynolds,1991)。学校心理健康专业人员会对自杀意念问卷得分有临床意义的学生进行个体访谈,以准确评估其自杀风险。

这一流程的变体可以在最近的学生自杀筛查项目中看到,包括哥伦比亚青少年筛查(Columbia TeenScreen)(2007)和自杀迹象项目(Signs of Suicide,SOS)(Aseltine & DeMartino,2004)。哥伦比亚青少年筛查需要额外设备(包括笔记本电脑)、邮费和三名

> 对筛查项目的研究表明，它们可准确识别有自杀风险的学生和本来不会被认为有自杀风险的青少年。

工作人员来操作。如果需要，还可以提供额外的（免费的）培训、咨询和技术援助。自杀迹象项目需要购买，内容包括学校员工手册和培训视频。自杀迹象项目提供现场培训，不过这项服务的费用不一。自杀迹象项目还包括对抑郁以及其他与自杀行为相关的风险因素进行简短的筛查。这两个项目都经过物质滥用和精神卫生服务管理局的评估，并纳入注册过的国家循证项目和实践列表。另外，这两个项目都已标准化，在学校使用通常简单、便捷（Gutierrez & Osman，2009）。

对筛查项目的研究表明，它们可准确识别有自杀风险的学生和本来不会被认为有自杀风险的青少年。然而，目前还没有确凿的证据表明，学生自杀筛查项目能真正有效地减少青少年自杀死亡或自杀未遂（Peña & Caine，2006）。

筛查项目的优点

学生自杀筛查项目有许多优点。例如，尽管许多学生有自杀想法时，不会主动找学校专业人员，但当他们信任的人直接询问他们是否有自杀想法，或者以前是否有过自杀未遂，很多青少年会诚实地自我表露（Miller & DuPaul，1996）。此外，自我报告筛查是学校可以直接评估学生的唯一的学校自杀预防程序。学校可以购买良好的筛查项目，快速施测和评分。用这些筛查项目能识别出其他预防项目中没有引起学校工作人员注意的青少年。这些优点很突出，并且为在学校使用自杀筛查项目提供了强有力的证据。

实施学校自杀筛查项目的挑战

在实施学校自杀筛查项目前，学校工作人员还需要仔细考虑一些与之相关的挑战。例如，一些学校的管理者、教师和（或）家长也许会反对全校范围或班级范围的筛查，理由是这种筛查可能会不经意间增加参与筛查的学生的自杀意念和痛苦（Peña & Caine，2006）。这种担心很正常，但没有现实依据。如前面提到的，古尔德及其同事（Gould et al.，2005）发现，一组学生接受自杀筛查后既没有增加自杀意念，也没有增加情绪困扰。即使在有抑郁史或自杀未遂史的高自杀风险青少年中，结果也一致。事实上，进一步的分析表明，与未接受筛查的对照组相比，接受筛查的高自杀风险青少年的痛苦水平更低。不过，由于上述误解如此普遍，因此说服学校管理者和家长接受全校范围或班级范围的筛查可能是一个挑战。

相关用户对筛查程序的接受度也值得考虑。我和同事开展了一系列研究，探讨各种学校自杀预防项目的可接受性，包括学生自我报告筛查、面向学生的基于课程/信息化的项目，以及学校工作人员的在职培训。研究一致发现，在高中校长（Miller，Eckert，DuPaul，& White，1999）、学校心理学家（Eckert，Miller，DuPaul，& Riley-Tillman，2003）、学校监督员（Scherff，Eckert，& Miller，2005）和学生（Eckert，Miller，Riley-Tillman，& DuPaul，2006）中，学生自杀筛查比其他方法更难以接受。

自杀筛查项目的其他挑战包括成本（需要购买自杀迹象项目工具包和自杀意念问卷等自我报告工具），更重要的是需要学生和学校工作人员投入大量时间和精力。对学校心理健康专业人员来说，使用筛查程序可能是一个特别费时、费力的过程，他们需要协助实施和协调评估，可能还需要评分（尽管许多筛查项目可以用机器快速评分），并对识别出的学生进行后续自杀风险评估。此外，由于学生筛查通常有很高的假阳性率（即错误地识别一个学生有自杀风险，实际上并没有），学校心理健康专业人员可能会在每次筛查后进行数十次甚至数百次的单独面谈。虽然高估学生的自杀风险比低估学生的自杀风险更可取，但这确实给学校工作人员带来许多挑战。还有一个相关问题是，什么时候以及多长时间进行一次筛查。筛查时间的选择可能会对识别出学生的自杀风险产生影响。例如，九月开展一次全校范围的自杀筛查，有些学生当时没有自杀倾向，但如果这些学生在学年稍晚时候有自杀倾向，那么他们将会被漏诊。

实施筛查项目面临的最后一个挑战是，学校必须作好准备，对被认为有自杀倾向的学生作出有效响应（Gutierrez & Osman，2009）。特别是，"只有拥有足够的资源，以便在识别后的几天内为每个被确定为有高自杀风险的学生提供后续服务，大规模的筛查才可行"（Gutierrez & Osman，2008，p. 135）。研究人员建议，这将要求由合格的学校心理学家、咨询师、社会工作者或其他心理健康专业人员对每个被筛查出的学生进行个体评估。

学生筛查的道德和法律问题

雅各布提出了一些在学校使用自杀筛查程序的道德问题（Jacob，2009）。尽管她同意古铁雷斯和奥斯曼（Gutierrez & Osman，2009）的说法，即学校必须有足够的资源来进行大规模的筛查，但她认为这不仅是一个组织问题，而且是一个道德问题。雅各布（Jacob，2009）尤其认为，"筛查自杀行为却无法提供个性化的后续评估和干预，这不符合道德规范"（p. 241）。

雅各布还引用了一系列关于筛查程序的其他道德问题。例如，她提出必须告知父母筛查措施，并得到他们的知情同意。在道德上，学校工作人员也应确保学生充分了解筛查的目的，以及谁将被告知并有权获得筛查结果。她还建议，由于筛查可能不会给每个学生带来任何直接的好处，因此应该让筛查的目标学生选择是否愿意参加筛查。雅各布还对基于筛查标准，错误地识别学生有自杀风险所涉及的道德问题表示关切。具体而言，她建议学校工作人员对大规模筛查进行风险和收益分析，他们"必须考虑这种筛查可能会对假阳性（即被错误地识别为有自杀行为的风险）的学生造成伤害，包括遭受不必要的后续心理健康评估的污名和尴尬，以及父母的担心"（Jacob，2009，p. 241）。雅各布的观点可以理解，尽管人们可能认为，错误地筛查出不会自杀的学生总比没有筛查出可能会自杀的学生更可取。

雅各布(Jacob，2009)还指出，学校工作人员有道德责任"在进行大规模筛查时，尽量减少对学生的污名化"，确保不向教学人员披露"仅根据筛查结果被确定为有潜在自杀倾向的学生的姓名。此外，如果学校心理健康专业人员对学生进行个性化自杀风险评估后感到担忧，这种担忧应该只在知情需要的基础上分享"(p. 241)。

> 尽管大规模的学生自杀行为筛查有很多好处，但实施起来也有很多相关挑战，包括道德和法律方面的挑战。

学生筛查中也存在法律责任问题。正如第二章提到的，如果学校工作人员未能阻止可预见的自杀事件发生，他们可能要承担责任。然而，到目前为止，法院并没有要求学校工作人员采取积极的措施来确定有自杀倾向的青少年(例如通过筛查)。开展筛查可能会导致更多学生被认定为干预对象，而学校心理健康专业人员，以及其他认为需要更好地识别有自杀倾向的青少年的人可能会喜欢这一举措，不然有自杀倾向的学生可能会被漏诊。然而，筛查可能不会受到学校管理者的热烈欢迎，他们可能会认为，筛查出的学生人数的增加也会提高为他们提供服务时出错的可能性，从而导致更多潜在的诉讼。考虑到学校使用大规模自杀筛查项目时面临的组织工作、道德和法律方面的挑战，尽管筛查项目与其他自杀预防项目相比有一些明显的优势，但使用不广泛也就不足为奇了。虽然我们鼓励愿意并能够提供大规模筛查的学校工作人员开展筛查，但他们应该意识到实施筛查前,他们面临诸多挑战。

识别有潜在自杀风险的青少年的其他程序
基于人口统计学和风险因素的识别

目前,普遍性自杀筛查项目存在许多组织工作方面的困难,因此许多学校工作人员可能不愿意使用它们。基于人口统计学和已知的风险因素来识别有潜在自杀风险的学生是难度较低的方法。例如,符合下列一项或多项标准的学生,可考虑进行额外的评估和/或干预:

- 高中男生。

- 美国原住民青少年。

- 女同性恋、男同性恋、双性恋或跨性别青少年。

- 有自杀未遂史的学生。

- 有临床抑郁症、物质滥用问题和/或行为问题的青少年。

- 有自伤行为的学生。

- 以鲁莽或危险行为"出名"的青少年。

- 能接触枪支的学生。

- 最近有家人或朋友自杀的青少年。

- 有自杀或抑郁家族史的学生。

学校工作人员,特别是学校心理健康专业人员应该意识到,可以归入以上任何一类的学生可能会有更高的自杀风险。此外,自杀行为的风险可能取决于学生拥有的风险因素的数量。重要的是，学校心理健康专业人员要谨慎地持续监测先前有自杀尝试的学生，因为这些学生后续自杀行为的风险尤其高，包括有更多的自杀尝试。

注意到这些风险因素并不意味着，学校心理健康专业人员必须对符合其中一个或多个标准的学生进行个性化的自杀风险评估。例如，单独评估每个高中男生的自杀风险是一项耗时且通常不必要的任务。然而，如果学生表现出一种或多种上述风险因素，特别是表现出第四章讨论的自杀的可能警示信号，则应仔细监测。如果有任何理由怀疑学生有自杀倾向或潜在自杀倾向，则应进行个性化的自杀风险评估。

根据学生或学校工作人员的转介进行识别

最后一个识别有潜在自杀风险的青少年的程序（也是学校最常用的程序）是，根据学生或学校工作人员向学校心理健康专业人员的转介进行识别。为了使这一程序有效，所有学生和学校工作人员都需要获得有关自杀的可能警示信号的准确信息，以及知道如何和向谁报告学生疑似有自杀行为。

进行个体学生自杀风险评估

如果学校选择开展大规模筛查，筛查结果发现有自杀倾向的学生，则需要对其进行个性化的自杀风险评估。同样，使用特定识别程序的学校，无论是基于人口统计学信息和风险因素，还是经由学生或学校工作人员转介，也要求进行后续的自杀风险评估。当然，许多学校可能不会选择使用普遍性筛查程序，一些学校也可能不采用基于人口统计学信息和风险因素的相对简单的程序来识别有潜在自杀风险的青少年。事实上，尽管这两种程序都有明显的好处，但目前美国大多数学区都没有实施这两种程序。

不管是否实施这些程序，很明显每所学校，至少在初中和高中阶段，都可能在某个时候需要学校专业人员进行个人自杀风险评估。对个体学生进行自杀风险评估，过去是，现在是，将来也继续是所有学校心理健康专业人员的重要和必要技能。不幸的是，如前几章所述，许多学校心理健康专业人员并不认为自己在这方面接受了足够的培训（例如，Miller & Jome，2008）。虽然没有任何一本书可以替代实践和督导经验，但本章后续内容旨在帮助学校心理健康专业人员更有效地进行自杀风险评估。

学校自杀风险评估的目的

学校自杀风险评估有两个主要目的。第一个主要目的是，确定学生是否有潜在的自杀倾向，如果有，达到什么程度。一种有效的方法是根据学生的风险程度将他们分组。应该考虑自杀风险的类别，学校心理健康专业人员如何确定学生应被置于哪一类。这些问题都没有绝对答案，在一定程度上涉及临床判断。也就是说，学校工作人员需要一些标准来确定学生的自杀风险。

> 学校自杀风险评估的主要目的之一是，确定学生是否有自杀倾向，如果有，达到什么程度。

拉德（Rudd，2006）在从"最低风险"到"极端风险"这一连续体上确定了五个可能的风险等级。下面简要描述他使用的每个风险等级清单，以及对每个风险等级的行为学标记。

1. 最低风险等级：无明确的自杀意念。

2. 轻度风险等级：自杀意念的频率、强度、持续时间和特异性有限。

3. 中度风险等级：频繁的自杀意念，但强度和持续时间有限；有一些具体的自杀计划；没有相关的自杀意图。

4. 严重风险等级：频繁、强烈和持久的自杀意念；有具体的自杀计划；没有主观意图，但有一些客观的意图标记（如选择致命方法）。

5. 极端风险等级：频繁、强烈和持久的自杀意念；有具体的自杀计划；明确的主观和客观意图。

在拉德的分类系统中，前三个风险等级通常被认为处于较低的自杀风险范围，因为尽管可能存在自杀意念，但没有更严重的自杀行为。拉德（Rudd，2006）认为，当一个人的自杀风险等级从中度上升到严重和极端时，就会发生一些事情。首先，出现实际的自杀意图。其次，症状的数量和强度会升级，同时保护因素会削弱。

学校自杀风险评估的第二个主要目的是，将评估结果与最能满足学生需求的干预联系起来。评估与干预相联系，因为自杀风险的等级将有助于确定所需的干预水平。例如，如果风险评估表明，该学生有严重的或极端的自杀风险，那么干预通常会涉及保护学生的安全，直到学生被转送到其他地方，无论是学生的家还是另

一个地方（如精神病院），以接
受进一步的评估或所需的干
预。无论学生最终处于何种风
险等级，每次进行自杀风险评
估，都应立即通知学生的父母

> 学校自杀风险评估的第二
> 个主要目的是，将评估结果与
> 最能满足学生需求的干预联系
> 起来。

或监护人并告知其结果。此外，即使学生被认为处于低自杀风险，
任何时候也不应该让他独处。如果可能，学校工作人员应该建议
家长来学校接学生。

多重方法的风险评估

为了达到学校自杀风险评估的两个主要目的，学校心理健康
从业者应该采取多重方法。这包括一系列评估方法和措施，但应
该始终包括与确定的有自杀风险的学生进行个体面谈。下面提供
了一些采用多重方法进行自杀风险评估的建议。

与儿童青少年面谈

有效的学生自杀风险评估的一个重要组成部分是，与确定的
有自杀风险的学生进行个体面谈。考虑到这个问题的重要性和敏
感性，这种评估对学生和访谈者来说都是一个非常紧张和焦虑的
经历，这并不奇怪。尽管说起来容易做起来难，但访谈者在评估自
杀风险的过程中不要因为感到害怕或焦虑而变得不知所措，这一
点非常重要（Miller & McConaughy，2005）。为自杀风险评估访
谈制定标准方案，并在此过程中获得临床经验，通常可以减少访谈

者的紧张感,增加其信心(Miller & McConaughy,2005)。依据特定的情况和所需的信息,可以在访谈方案中添加或删除某些问题。

> 自杀评估中最重要的一个组成部分是对被筛查出的学生进行个体访谈。

在访谈儿童,尤其是年幼的学生时,发展议题很重要(McConaughy,2005)。例如,12岁以下的儿童可能在表达或表述他们的自杀意图方面有困难(Pfeffer,2003),这也是为什么与年幼学生生活环境中的成年人(如父母、老师)面谈尤其重要。此外,8岁以下的儿童(以及有认知障碍的年龄较大的儿童青少年)经常在反思和报告他们的主观经验方面有很大困难。因此,访谈者在评估自杀风险时,会受到学生的年龄和认知水平的挑战。与儿童面谈时,这两个因素都需要考虑。

与有自杀倾向的学生面谈时,表现出对学生的关心很重要,但要以冷静和放松的方式沟通。巴雷特(Barrett,1985)确定了评估自杀风险时个体必须考虑的三个重要问题,以有效评估和应对有潜在自杀倾向的青少年。根据巴雷特的观点,访谈者:(1)不能让他们对死亡特别是自杀死亡的总体态度,影响自己合理接受这个话题的能力;(2)必须小心不要在学生面前表现出焦虑或愤怒;(3)必须处理不安全感或自信不足,并在必要时寻求额外的培训和支持。在评估自杀风险时,学校心理健康专业人员应该牢记上述有益的建议。

与学生会面评估自杀风险时,如果学校心理健康专业人员和学生已经建立积极、融洽的关系，这很有帮助。如果事先没有建立积极的关系，评估人员应该确保自己的行为方式能够让学生尽可能感到舒适。在自杀风险评估期间，让学生喜欢的学校工作人员在场很有益，因为它传递了一个清晰的信息，即希望学生感到舒适和被支持。

一些针对儿童青少年的自杀行为的结构化和半结构化访谈已开发出来（Goldston，2003）。不幸的是，许多结构化和半结构化访谈都很昂贵，而且很难获得，它们的信度和效度差异很大（Goldston，2003）。关键的是，所有学校心理健康专业人员都要有一份能够迅速和准确获得所需信息的问题清单。在评估自杀风险时，选用明确而又直接的语言和方法非常重要（Miller & McConaughy，2005；Rudd，2006）。访谈开始时，应该告知学生评估的原因，以及许多人关心他/她，希望他/她安全。我们建议，访谈评估者准确记录学生在回答问题时所说的内容，最好直接引用学生的话（Rudd，2006）。

学校心理健康专业人员应在不同领域或方面评估学生，包括：

- 学生目前的感受。
- 过去和现在的抑郁程度。
- 过去和现在的绝望程度。
- 过去和现在的自杀意念程度。
- 累赘感认知。
- 归属感。

- 药物滥用史(学生可能不太愿意回答这个问题)。

- 当前家庭中的问题/压力源。

- 当前学校里的问题/压力源。

- 有自杀未遂史。

- 之前自杀未遂使用的方法。

- 是否有自杀计划。

- 自杀计划中方法的明确性和致命程度。

- 致命手段的可用性。

- 救援的可能性。

- 当前的支持系统。

- 活下去的理由。

本章最后所附的讲义 5-1 提供了几个有助于评估自杀风险的问题的例子。

拉德(Rudd，2006)指出，在自杀风险评估中，区分个体说了什么和做了什么很重要，也就是说，要区分体的言语和行为之间的异同。一个人在自杀风险评估中所说的话可能被认为是主观的或表达出来的意图。一个人的行为(即在访谈中观察到的具体行为)可能被认为是客观的或观察到的意图(Rudd，2006)。应该用简单、直接的术语来描述在自杀风险评估访谈中观察到的行为。

- 学生是否为自杀作了准备(如给父母和/或朋友等重要的人写信)？

- 学生是否采取措施防止被发现和/或被救援？

- 自杀未遂发生在一个孤立、隐蔽或受保护的地方吗？

- 自杀未遂的时间安排是否以防止被发现为目的（例如，学生知道几天内没有人在家）？

- 救援和干预的机会是否随机？（Rudd，2006）

客观意图的标志包括：（1）想死的意念；（2）为死亡作准备（如给亲人写信）；（3）努力阻止自杀时被发现或救援（Rudd，2006）。拉德（Rudd，2006）发现，自杀的人说什么和做什么通常有高度的一致性。然而，在某些情况下，儿童青少年会说一套做一套。例如，一个人可能会否认任何自杀的想法，但表现出相反的行为（比如，多次自杀未遂，或者制定十分详细的自杀计划，几乎不可能被救援）。澄清和解决这些差异是自杀风险评估过程中最重要的任务之一，当这些差异存在时，温和但坚定地挑战青少年非常重要（Rudd，2006）。拉德（Rudd，2006）举了一个例子，涉及对一个青春期女高中生的自杀风险评估：

你告诉我你真的不想死，但你过去几周的所有行为都表明情况并非如此。你酗酒，并且给男朋友写了一封信，信中表明：你想死。几周前，你知道家里没人，却过量服用药物，三天后才告诉我。我需要你帮我弄清楚这个矛盾。就好像你对我说的是一回事，做的却是另一回事。坦白说，我更倾向于认为你的行为是最重要的变量，尤其是我非常关心你的安全和幸福。（p. 10）

与教师、学校其他工作人员和学生父母面谈

正如之前所讨论的，研究表明，父母和其他成年人往往没有意识到特定青少年表现出自杀行为的程度。在学生自杀风险很高的危机情况下，访谈教师或学校其他工作人员可能不可行或没有必要，至少最初阶段是这样的。然而，学生自杀行为的信息往往由多人提供，他们在不同环境中与被识别出有自杀风险的学生互动，这通常对治疗计划和其他目的有用。对教师的提问应该主要集中于，他们已经注意到的任何可能的警示信号。与父母访谈有助于更好地了解学生是否有抑郁、物质滥用、自杀或其他心理健康问题。本章最后所附的讲义 5 - 2 提供了可以用于教师和父母的问题范例。

投射技术

一些从业者，尤其是对人类行为持心理动力学观点的理论导向的从业者，可能会选择使用投射技术（例如，罗夏墨迹测验、画图测验、统觉测验）来评估有潜在自杀风险的青少年。然而，这些评估技术在识别有潜在自杀风险的儿童青少年上并没有显示出足够的可靠性或有效性（Miller & McConaughy，2005）。出于其他原因，在自杀风险评估中使用投射技术也是有问题的。即使评估程序既可靠又有效，也不应该成为决定使用该程序的唯一考虑因素。例如，除了已知信息，评估方法还可以提供哪些信息？或者，评估方法可以提供哪些无法通过其他更简单的方法获得的信息？这种增加的信息称为增量有效性，而投射技术通常缺乏这种有效性

（Miller & Nickerson，2006）。因此，出于这些和其他一些原因，不建议使用投射技术进行自杀风险评估（Miller & McConaughy，2005）。

自杀和非自杀性自伤

非自杀性自伤（nonsuicidal self-injury，NSSI）是指"故意的、自我影响的、低致死性的、社会不能接受的、为减轻心理痛苦而实施的身体伤害"（Walsh，2006，p. 4）。自杀与非自杀性自伤之间的关系复杂而微妙（Jacobson & Gould，2007；Klonsky & Muehlenkamp，2007）。举例来说，在门诊和社区样本中发现，自杀是与非自杀性自伤关联最为密切的精神病学状况，在住院患者样本中仅次于抑郁症（Lofthouse，Muehlenkamp，& Adler，2009）。很大一部分（50%的社区样本，70%的住院患者样本）自伤者报告，至少有一次自杀未遂（Muehlenkamp & Gutierrez，2007；Nock，Joiner，Gordon，Lloyd-Richardson，& Prinstein，2006）。然而，尽管自伤的学生有更高的自杀风险（Laye-Gindhu & Schonert-Reichl，2005；Lloyd-Richardson，Perrine，Dierker，& Kelley，2007），但很多自伤者并没有自杀意图，非自杀性自伤和自杀的功能往往有很大不同（Miller & McConaughy，2005）。非自杀性自伤在很多方面都与自杀相悖；自杀者通常想要结束所有感受，而非自杀性自伤者通常想要感受更好（D'Onofrio，2007）。因此，大多数非自杀性自伤的学生似乎是将其作为一种病态但有效的应对和自救方式

(Miller & Brock，2010)。

然而,非自杀性自伤显然会将个体置于各种自杀行为的风险之中,包括自杀意念和自杀未遂(Jacobson & Gould，2007)。特别是,如果自伤者报告自己被生活排斥,有更多冷漠和自我批评,与家人联系较少,对自杀感到不那么恐惧,那么他们更有可能企图自杀(Muehlenkamp & Gutierrez，2004，2007)。此外,那些通过非自杀性自伤来逃避或回避极度痛苦体验的人,企图自杀的风险更高(Miller & Brock，2010)。

如第一章所指出的,乔伊纳(Joiner，2005，2009)认为,非自杀性自伤本质上可能是一种"练习",通过使个体对疼痛变得麻木,并习惯于自我施加的暴力,从而可以从事其他潜在的致命行为,例如自杀。格拉茨(Gratz，2003)提出一个理论,认为非自杀性自伤者可能会因此而变得孤立、无助、绝望,进而导致他们产生潜在的自杀倾向。也有证据表明,同时存在非自杀性自伤和企图自杀的青少年比存在其中一种行为的青少年功能受损更严重,可能需要更多强化治疗(Jacobson & Gould，2007)。最后,沃尔什(Walsh，2006)提出,频繁实施非自杀性自伤的人,一旦自伤不再作为一种"有效"的情绪管理手段,他们最终可能会转向自杀。

评估的挑战：自伤与自杀行为的区别

虽然自伤和自杀行为有很大的重叠,但这两种问题行为应该被区别理解和对待(Walsh，2006)。沃尔什(Walsh，2006)提出了确定自我毁灭行为是自杀还是自伤的指导方针，以下介绍这一内容。

意图

沃尔什（Walsh，2006）认为，评估个体的意图是区分青少年非自杀性自伤和自杀行为的一个基本出发点。从本质上讲，在考虑意图时，学校心理健康专业人员需要评估个体在自我毁灭行为中想要达到的目的。换句话说：行为的目标是什么？例如，在一次访谈中，一个少女被问到为什么割伤自己，她回答："我割伤自己是为了让自己感觉好一点。"她否认有任何自杀意图，这就意味着该少女确实有非自杀性自伤行为，但目前还没有自杀倾向。相比之下，诸如"没有人关心我，也没有人会关心我——生命已经不值得再活下去了"等说法，显然在某种程度上暗示了潜在的自杀倾向。不幸的是，心理健康专业人员经常发现，很难从他们评估的个体那里得到一个清晰的意图。有自我毁灭行为的青少年经常会情绪失控，而且对自己的行为感到困惑（Walsh，2006）。因此，针对自杀意图问题他们往往提供模棱两可的答案（例如，"这在当时看来是正确的事情"），或者根本没提供有帮助的答案（例如，"我不知道"）。

评估意图看起来可能是一件相对简单的事情，但实际上它往往很复杂，需要同理心和坚持不懈的调查（Walsh，2006）。自杀和非自杀性自伤的个体通常都体验到大量的心理和情感痛苦。有自杀倾向的人会不惜一切代价使这种痛苦永久消失。相比之下，"自伤者的意图不是终止意识，而是改变意识"（Walsh，2006，p. 7）。也就是说，在大多数情况下，青少年自伤不是为了死亡，而是为了减轻痛苦。大多数情况下,这些人伤害自己似乎是为了缓解过多的情绪困扰,比如愤怒、羞愧、悲伤、沮丧、轻蔑、焦虑、紧张或恐慌。还有为数不多的人,他们似乎是为了缓解情绪麻木或解离状态而伤害自己(Walsh,2006)。

身体损伤程度和潜在致命性

个体选择的自我伤害方式往往传达出大量关于行为意图的信息。青少年非自杀性自伤中最常见的形式是割伤皮肤。然而,在死于自杀的青少年中,割伤自己而死亡的比例很小(少于1%)。因此,在评估学生是打算自杀还是非自杀性自伤时,行为方式通常会提供关键信息。学校心理健康专业人员应该了解,最可能导致死亡的切割方式是切断颈动脉或颈静脉,而不是割伤胳膊或腿,后者是非自杀性自伤者最常见的伤害身体的部位(Walsh,2006)。

行为频率

一般来说,非自杀性自伤率比自杀率要高很多。大多数试图自杀的青少年很少自伤,但非自杀性自伤者自伤的比例通常会很高。虽然有一小部分青少年定期企图自杀,但他们往往服用药物自杀(一种低致命性的方法),并经常向别人透露自己的自杀企图,通常会引来干预。然而,与反复企图自杀的青少年相比,许多(即使不能称为大多数)非自杀性自伤青少年的自伤频率更高(Walsh,2006)。

多重方法

这方面还需要更多的研究,但有一些迹象表明,与试图自杀的青少年相比,非自杀性自伤的青少年更可能使用多重方法(Walsh,

2006）。许多非自杀性自伤的青少年表示，他们喜欢使用多重方法，尽管可能与偏好和环境有关，但使用多重方法自伤的原因尚不清楚。被安置在医院或团体之家等受限制的环境的青少年，可能更难使用特定的设备来伤害自己，于是他们可能不得不使用其他自伤方式（如殴打自己）来获得想要的效果（Walsh，2006）。

心理痛苦

有些青少年可能认为，自杀是他们逃离某种自认为无法忍受的心理和情感痛苦的唯一途径。相比之下，尽管非自杀性自伤个体的情感痛苦很强烈，而且通常极不舒服，但并没有达到自杀危机的程度。

认知收缩

施奈德曼（Shneidman，1985，1996）指出，有自杀倾向的人经常表现出认知收缩或视野狭窄，在这种情况下，他们会陷入非此即彼的思维模式。例如，一个有自杀倾向的青少年可能会想，"如果女朋友甩了我，我就活不下去了"。自杀的人常常陷入"全或无"的极端化思维模式，这些认知扭曲可能会造成致命的后果。相比之下，非自杀性自伤者的特点是思维混乱，而不是认知收缩（Walsh，2006）。与许多有自杀倾向的人不同，非自杀性自伤者认为他们的选择并没有受限；他们只是作了糟糕的选择（例如，为了减轻情绪压力而割伤自己，而不是用更恰当、更有建设性、更能被接受的方式来处理这个问题）。

绝望和无助

绝望（Beck et al.，1979）和无助（Seligman，1992）都与自杀行为有关。相比之下，非自杀性自伤者通常不会表现出这种认知扭

曲（Walsh，2006）。有自杀倾向的人通常认为自己无法控制自己
的心理痛苦，与之不同，对自伤者来说，自伤提供了一种必要的控
制感。许多卷入非自杀性自伤的学生可能会发现，在需要的时候
实施自我伤害，这让他们感到"安心"（Walsh，2006）。

自伤事件的心理后果

对非自杀性自伤者来说，自伤后的体验常常是"积极的"，因为
在很多情况下，他们认为自伤行为可以缓解情感痛苦。此外，在非
自杀性自伤者看来，自伤不仅对缓解情感痛苦有效，而且这种效果
往往很快速。与此相反，大多数自杀未遂者报告，自杀未遂后，他
们的感觉没有变好，很多人可能感觉更糟（Walsh，2006）。一名非
自杀性自伤的学生说，当自伤对达到预期结果（如减轻紧张感）不
再有效时，自杀行为的可能性会增加，学校心理健康专业人员应该
仔细监测这种状况。

非自杀性自伤是一个备受关注的新问题，建议学校心理健康
专业人员提高评估和治疗青少年自伤的知识与技能。要想全面了
解非自杀性自伤的评估和治疗问题，读者可以参考相关资料
（Walsh，2006）。尼克松和希思（Nixon & Heath，2009)对青少年
非自杀性自伤的评估和治疗问题进行了精彩而广泛的概述。对学
校评估和治疗青少年非自杀性自伤行为特别感兴趣的人可以参阅
相关资料（Lieberman & Poland，2006；Lieberman，Toste，&
Heath，2009；Miller & Brock，2010)，它们专门讨论了在学校环
境下评估和治疗非自杀性自伤行为。

自杀和杀人：青少年自杀行为与校园枪击事件

学校心理健康专业人员也应该关注自杀与杀人之间的关系，尤其是它们与校园枪击事件有关时。近年来，学生在学校杀害其他学生和学校工作人员的问题受到媒体的高度关注。然而，在考虑这个问题时，首先应该清楚地认识到，校园枪击事件极其少见。实际上，学生在学校要比在其他大多数地方都更安全，学生因校园枪击事件而受伤或死亡的概率几乎是百万分之一。尽管如此，发生在 20 世纪 90 年代末的多起校园枪击事件，尤其是 1999 年发生在科罗拉多州科伦拜恩高中的校园枪击事件（Cullen，2009），大大改变了公众对美国学校安全的看法（Van Dyke & Schroeder，2006）。

自杀和暴力预防工作通常发生在彼此相对孤立的环境中（Lubell & Vetter，2006），尽管近期的悲剧事件突出了自杀行为与对他人的暴力行为的偶然关系，特别是校园枪击事件（Nickerson & Slater，2009）。例如，美国特勤局和美国教育部对校园枪击事件的研究发现，78% 的校园枪击案凶手表现出明显的自杀意念（Vossekuil，Fein，Reddy，Borum，& Modzeleski，2002）。

迄今为止最严重的校园枪击事件发生在 1999 年 4 月 20 日的科伦拜恩高中。2 名学生开枪打死 12 名学生和 1 名老师，并打伤 21 名学生（另外 3 名学生在试图逃离枪击的过程中受伤）。这 2 名学生随后自杀身亡。科伦拜恩高中的校园枪击事件是迄今为止美国高中死亡人数最多的一次，也是美国历史上死亡人数第四的校园杀人案件，仅次于 1927 年的巴斯事件（该事件涉及密歇根州巴斯镇一所学校的爆炸，由 1 名心怀不满的成年学校董事会成员制造），2007 年在弗吉尼亚理工大学校园发生的杀人事件和 1966 年在得克萨斯大学发生的枪击事件。参与上述事件的 5 名行凶者中，2 人是高中生，1 人是大学生。5 名行凶者中有 4 人自杀身亡（其中得克萨斯大学枪击案的成年凶手被警方击毙）。

媒体对校园枪击事件的广泛报道使这一话题在美国引起极大的关注，尤其引起家长、政策制定者和学校管理者的关注。有人试图对校园枪击案的凶手进行侧写，以供识认和预测，但美国联邦调查局警告，不要使用学生侧写来识别潜在的校园枪击案凶手（Cornell & Williams，2006；O'Toole，2000）。相反，美国联邦调查局建议学校采用威胁评估方法，这与美国特勤局和美国教育部随后提出的建议一致（Fein et al.，2002；National Institute of Justice，2002）。一些校园枪击事件肇事者的共同特征已经被确认，可能包括：（1）男性；（2）有同伴虐待和欺凌史；（3）痴迷暴力游戏和幻想；（4）有抑郁症状和自杀倾向（Fein et al.，2002；National Institute of Justice，2002）。

然而，列出这些特征并没有什么特别的帮助，因为它们不能为实际应用提供足够的特异性——太多学生将会被错误地识别为有潜在的暴力倾向（Sewell & Mendelsohn，2000）。例如，观察到几个校园枪击者穿着黑色风衣去学校藏匿枪支，促使一些学校管理人员怀疑任何穿风衣（特别是黑色风衣）的学生，甚至禁止在学校穿风衣。美国联邦调查局国家暴力犯罪分析中心的成员甚至开始使用"黑风衣难题"一词，来指代所有意图良好但被误导的分析潜在危险学生的举动（Cornell & Williams，2006）。与准确预测哪些学生最有可能采取自杀行为一样（Pokorny，1992），基于特定风险因素预测哪些学生将涉嫌校园暴力有其内在局限性（Mulvey & Cauffman，2001），因为这是一个低概率行为。然而，尽管无法可靠地预测哪些学生会成为校园枪击者，就像无法预测哪些学生会试图自杀，但我们可以确定这两种情况的高风险期。

例如，美国联邦调查局对校园枪击事件的研究最有说服力的发现是，学生行凶者几乎总是在枪击事件发生前制造威胁或传达伤害他人的意图（Cornell & Williams，2006）。美国联邦调查局还发现一些校园枪击事件得以避免的案例，因为当局调查了一名学生的威胁声明，发现该学生制定了实施威胁的计划。这些观察结果表明，学校应该把重点放在识别和调查学生发出的威胁上，而不是放在识别特定风险因素上（Cornell & Williams，2006）。

从适当的角度来看待关于青少年自杀和杀人的讨论至关重要。绝大多数有自杀行为的青少年（无论是在校内还是校外）都没有杀人行为。这一结论也适用于成年人。例如，在美国，谋杀后自杀只占每年自杀总数的 1.5%（Holinger, Offer, Barter, & Bell, 1994）。也就是说，自杀行为和其他形式的暴力行为之间似乎确实

> 评估自杀风险时，同时评估可能存在的自伤行为并在适当时进行学生威胁评估也很有用。

存在某种联系。例如，一项研究包含 11 000 多名学生，这些学生在 2005 年完成青少年危险行为调查，结果发现，男女青少年自杀行为的预测因子包括携带武器、在学校受到威胁或受伤、在学校财物被盗或损坏和打架行为（Nickerson & Slater，2009）。因此，当青少年被怀疑可能会对他人实施暴力行为或有自杀行为时，明智的做法是同时进行威胁评估和自杀风险评估。要了解在学校进行全面的学生威胁评估的更多信息，读者可以参考相关文献（Cornell & Williams，2006；Delizonna，Alan，& Steiner，2006；Van Dyke & Schroeder，2006），以及美国特勤局关于校园枪击事件的报告摘要（National Institute of Justice，2002）。

最后，有几个针对自杀行为和对他人的暴力行为的保护因素，包括问题解决和应对技能（Lubell & Vetter，2006）、父母支持（Overstreet，Dempsey，Graham，& Moely，1999），以及与父母的联结（Borowski，Ireland，& Resnick，2001；Lubell & Vetter，2006）。因此，我们鼓励学校工作人员设计针对这些行为的干预项目。

提高自杀风险评估的专业技能

由于篇幅有限，无法提供更全面的自杀风险评估概述。有许多优秀的资源旨在提高从事自杀风险评估的心理健康专业人员的临床技能和决策能力,有兴趣的读者可以阅读这些资源。一些自杀风险评估方法包括:谢伊开发的自杀事件时间顺序评估(Chronological Assessment of Suicide Events)(Shea,2002)、乔布斯开发的自杀协同评估和管理(Collaborative Assessment and Management of Suicidality,CAMS)(Jobes,2006)、乔伊纳及其同事开发的自杀风险评估决策树(Suicide Risk Assessment Decision Tree)(Joiner,Walker,Rudd,& Jobes,1999;Joiner et al.,2009)。虽然这些自杀风险评估模型并不是专门为青少年而开发的,但可以有效应用于青少年群体。本书鼓励有兴趣的学校心理健康专业人员通过查阅这些资料,提高自己在自杀风险评估方面的专业技能。

本章结语

开展学生自杀风险评估是学校心理健康专业人员最重要的任务之一。风险评估的主要目的是确定学生的自杀风险水平,并在此基础上为学生提供最佳的干预措施,以最好地满足其需求。本章回顾了识别有自杀倾向的学生的不同方法,包括大规模的筛查措施,根据特定的风险因素识别有自杀倾向的学生,以及为转介青少年实施个性化的自杀风险评估。准确的评估是提供适当治疗的第一步,也是学校心理健康专业人员角色的重要组成部分。

讲义 5 - 1 ◆◆◆◆◆◆◆◆◆◆◆◆◆◆◆◆◆◆◆◆◆◆

学生自杀风险评估可能包含的问题

- 你最近是否感到十分悲伤或沮丧？

- 你有睡眠困难吗？最近你的胃口是否有变化？你是否觉得精力不如以前？

- 生活似乎了无乐趣？

- 你有这种感觉多久了？

- 有时人们想伤害自己，甚至自杀。你有没有自杀的想法？

- 你最近有没有自杀的想法？上个月呢？过去的 6 个月呢？

- 你经常有这样的想法吗？（每天、一周几次、一个月几次等）

- 你想对自己做什么？

- 在过去的一个月里，你是否真的试图自杀或故意伤害自己？在过去的 6 个月呢？

- 有人知道你对自己做了什么吗？

◆◆◆◆◆◆◆◆◆◆◆◆◆◆◆◆◆◆◆◆◆◆◆◆◆◆◆◆◆◆◆◆

讲义 5–2 ·•·

教师和父母/看护人的问题示例

教师的问题示例

● 你是否注意到最近学生的学业或行为发生重大变化? 是什么样的变化?

● 你是否注意到学生的任何情绪或社交变化?

● 学生是否在学校遇到什么麻烦,特别是最近? 什么样的麻烦?

● 学生是否显得抑郁? 学生做了什么或说了什么让你认为他/她抑郁?

● 学生是否口头上、行为上或象征性地(在文章或故事中)威胁过自杀? 学生是否表现出任何与自我毁灭或死亡相关的行为或作出任何陈述?

● 你是否观察到学生有物质滥用问题? 自伤问题呢?

父母/看护人的问题示例

● 最近你的家庭或孩子的生活是否发生重大变化?

● 如果有变化,你的孩子如何应对?

● 你的家族有自杀、抑郁、物质滥用或其他心理健康问题吗?

● 你的孩子最近经历过丧失事件吗?

● 你注意到你的孩子最近的行为发生什么变化吗?

来源:戴维·N. 米勒(David N. Miller)的《儿童青少年自杀行为:学校预防、评估和干预》(*Child and Adolescent Suicidal Behavior: School-Based Prevention, Assessment, and Intervention*)。版权所有© 2011 The Guilford Press。仅允许本书的购买者影印本讲义供个人使用(详见版权页)。

- 你的孩子曾经向你或别人表达过死亡的愿望吗？你的孩子曾经企图自杀吗？如果是，你的孩子用什么方法尝试自杀？
- 你家里有枪吗？它们是否安全地存放在上锁的柜子里？你的孩子可以打开这个柜子吗？
- 你的孩子抑郁吗？你的孩子是否有物质滥用问题？行为问题？
- 你的孩子对未来感到毫无希望还是持乐观态度？

第六章

学校自杀危机的选择性干预和三级干预

我们中最幸运的人也经常会遇到可能对自己产生极大影响的灾难,而增强我们的心智以抵御这些不幸的攻击,应该是我们一生中主要的研究和努力之一。

——托马斯·杰斐逊(Thomas Jefferson)

归属的需要和以某种方式为社会作贡献的需要,似乎是人类意义的重要组成部分。

——托马斯·乔伊纳(Thomas Joiner)

危机干预的首要目标是帮助重建即时应对机制。

——斯蒂芬·E. 布洛克(Stephen E. Brock)

选择性自杀干预项目针对可能存在潜在自杀行为风险的学生群体。这些群体可能包括有心理健康问题(如临床抑郁症)的学生、美国原住民青少年、有物质滥用问题的学生、有自伤行为的学生、有机会接触枪支的学生,以及家庭成员患有情感障碍的学生。

三级自杀干预项目的目标人群是已经实施过或表现出自杀行为的青少年，例如通过书面或口头交流表明希望死亡的学生、明确表达出自杀意愿的学生，以及曾经有过一次或多次自杀未遂的学生。三级自杀干预项目的重点是减少当前的危机或冲突，遏制进一步自杀行为的风险——尤其是自杀行为不断升级。在学校环境中，这些干预通常在危机情况下提供，主要目标是帮助学生重建即时应对机制（Brock，2002）。

本章提供了对有潜在自杀风险的学生的选择性干预，以及对有高自杀风险因而需要更为紧急干预的学生的三级干预。

针对危机学生的学校选择性干预

学校工作人员有几种选择，为可能有潜在自杀风险的学生提供预防和干预服务。一般而言，这一层级的干预通常由学校心理健康从业者提供，也可与学校其他工作人员一起提供。此外，在许多情况下，这些干预可能以小组形式提供，或者至少提供给具有类似风险因素的几个不同学生。例如，学校工作人员可以为有自我伤害行为的学生提供选择性干预，或进行枪支安全和管理方面的培训。我总结了一些可能的选择性干预的例子，这些干预可以用于有潜在自杀风险的学生，具体取决于他们问题的特殊性质。我推荐的干预都有实

> 针对有潜在自杀风险的学生的选择性干预包括抑郁和绝望的认知行为干预，以及物质滥用和行为问题的干预。

证基础,研究证明它们至少在某种程度上有效。由于篇幅有限,本次回顾比较简短,鼓励对这些项目感兴趣的读者查阅相关参考资料以获取更多信息。

针对抑郁和绝望的选择性干预

针对抑郁的循证干预包括各种认知行为策略,如认知重组、驳斥非理性思维、归因再训练、自我监测和自我控制训练,以及增加对愉快活动的参与(Merrell,2008b)。认知行为策略也可用于增强学生的希望和乐观心态。例如,宾夕法尼亚心理韧性项目(Penn Resiliency Program,PRP)是一个包含 12 节课程的结构化项目,用于学生群体(Gillham,Brunwasser,& Freres,2008),包括关于去灾难化、认知解释风格、拖延和社交技能、问题解决、放松和应对策略等主题的说明和指导练习。通过系统地教授学生明确概念化自身目标,制定实现目标的具体策略,激发和维持使用这些策略的动机,认知行为方法也可用于促进儿童青少年的希望(Lopez,Rose,Robinson,Marques,& Pais-Ribeiro,2009)。

认知行为疗法(cognitive-behavioral therapy,CBT)的核心特征是,让青少年认识到自己经历的情感体验往往与发生的事情无关,而与自己如何解释这些事情有关。帮助学生主动质疑自己潜在的(往往是非理性的)一些假设,以更现实(和积极)的角度对假设进行认知重构可能会有所帮助,特别是对因认知扭曲而抑郁或绝望加重的学生。梅里尔(Merrell,2008b)的文章概述了如何用认知行为疗法治疗与自杀行为相关的内化问题,包括抑郁和焦虑。

针对行为问题的选择性干预

虽然对表现出反社会行为和攻击行为的学生最常用的两种干预是咨询和惩罚（Maag，2001；Stage & Quiroz，1997），但研究表明，咨询（Stage & Quiroz，1997）和惩罚（Maag，2001）在改善学生反社会行为方面往往无效。尽管某些认知行为疗法可能对学生表现出的破坏性行为问题很有用（Polsgrove & Smith，2004），但有效的学校干预通常涉及课堂和学校环境的改善（Furlong，Morrison，& Jimerson，2004）。此外，惩罚措施，特别是休学或开除，实际上与破坏性行为的增加有关（Maag，2001）。

对表现出行为问题的学生，为数不多的被证明有效的治疗方法之一是父母管理训练（parent management training，PMT）。父母管理训练旨在促进父母与子女之间更积极的互动，以增加儿童的亲社会行为，防止破坏性行为和偏差行为的发展或升级（Kazdin，2005）。父母管理训练的核心关注点是，教授和培训父母/看护者一套特定的技能来设法处理孩子的不顺从问题，从而改善父母与子女之间的强制性沟通模式，这是反社会行为的核心要素之一。有关父母管理训练的完整描述，读者可参考卡兹丁的文章（Kazdin，2005）。关于父母管理训练如何应用于低收入城市学校的讨论，读者可以参考索卡-米勒和麦柯迪的文章（Sawka-Miller & McCurdy，2009）。

针对物质滥用问题的选择性干预

儿童青少年的物质滥用仍然是一个严重问题，每年有数十亿美元用于学校物质滥用预防项目（Brown，2001）。虽然药物滥用抵制教育（Drug Abuse Resistance Education，D.A.R.E）项目是美国实施最广泛的药物滥用预防项目（Burke，2002），但研究一直表明，药物滥用抵制教育对学生知识和态度的影响并不持久，不会使他们减少使用药物或酒精（Weiss，Murphy-Graham，& Birkeland，2005）。此外，尽管有其他实证证据支持学校药物滥用干预项目，但这些项目采用和实施的完整性似乎很低（St. Pierre & Kaltreider，2004）。

伯罗-桑切斯和霍肯（Burrow-Sanchez & Hawken，2007）为帮助学生克服药物滥用提供了极好的资源。他们描述了可以在学校使用的各种团体形式的干预措施，包括心理教育小组、支持小组、自助小组和治疗小组。他们还提供了为有需要的学生开发筛查项目、预防项目和个性化干预的有用信息。

增加联结的选择性干预

感觉与学校或其他人没有联结的学生可能会出现一系列心理健康问题（包括自杀行为），并且增加辍学的风险。虽然第三章描述了一些可能的普遍性干预（例如使用表扬），但对处于危机中的学生，可能需要更多旨在培养其积极关系和增加联结的强化干预。注重创设让学生体验到关怀和支持的学校氛围，是旨在降低辍学率和加强学校联结

> 感觉与学校或其他人没有联结的学生可能会出现一系列心理健康问题（包括自杀行为），并且增加辍学的风险。

的干预的常见组成部分(Jimerson，Reschly，& Hess，2008)。

　　一种成功用于在学生与学校之间建立更强、更积极联结的干预是检查和联系(check and connect)(Sinclair, Christenson, Hurley, & Evelo，1998)。这种干预旨在促进学生与学校(和学习)的接触以及互动。接受干预的学生会从学校工作人员处分配一位顾问，定期监督学生"签到"，并帮助学生解决可能出现的任何问题。顾问的工作是与学生建立一种相互信任和开放沟通的关系。顾问承诺在至少2年的时间里与学生保持联系，这向学生显示了学校工作人员对他们发展的关注。顾问还帮助学生聚焦问题解决，并教授他们冲突解决技巧。如有必要，该项目还提供更多的强化服务，包括增加学业干预和让学生参加更多课外活动。

　　另一项干预，即结构化课外活动(structured extracurricular activities，SEAs)，也可以增强学校联结和学生参与。当学生不在学校时，他们的大部分闲暇时间都花在非结构化活动上，很少或没有成年人监督。过度依赖非结构化、久坐不动的活动可能导致许多不良后果，包括自杀行为的增加(Mazza & Eggert，2001)。过度的屏幕娱乐时间(例如，看电视或视频、玩电脑游戏)也与超重儿童数量的增加有关。因为这些问题，最近人们对开发一种新的干预产生更大兴趣，这种干预可以使青少年在非学校时间更积极参与其中，并得到成年人的监督。

　　结构化课外活动通常由一个或多个成年领导者推动，包含设定活动表现或工作努力的标准、要求自愿和持续参加、促进技能发

展和成长（Miller，Gilman，& Martens，2008）。这些活动需要成
年人的持续关注，并就学生的表现水平提供明确和一致的反馈。
虽然结构化课外活动经常与学校体育活动联系在一起，但体育活
动并不是开展结构化课外活动的唯一形式，其他形式包括参加学
校戏剧社或学校乐队。研究表明，结构化课外活动可以使学生的
心理和身体获益。此外，结构化课外活动有助于建立和加强与他
人的有意义的联系，这是促进心理成长和人际能力的关键因素
（Baumeister & Leary，1995）。有关结构化课外活动的更多信息，
读者可参考吉尔曼及其同事的文章（Gilman，Meyers，& Perez，
2004；Miller，Gilman，& Martens，2008）。

针对高自杀风险学生的学校三级干预

通过全面的自杀风险评估被确认为有高自杀风险的学生需要
即时的、个性化的三级干预措施。在这种危机情况下，首要目标是
保证学生安全，尽快调动资源，为学生提供危机期间所需的必要
支持。

移除获得致命手段的途径

如果怀疑某个学生有自杀倾向，首要任务是确认该学生是否
拥有任何可能伤害身体或致死的器具或武器。如果学生确实拥有
可伤害自己的武器（例如枪支、刀），应该要求学生放弃它们。幸运
的是，这种情况并不典型。学生不太可能有自杀的工具。

保证生命安全

任何情况下,任何有自杀倾向的学生都不应该独处。该学生应始终由至少一名成年人近距离陪同。

> 如果学生表现出自杀倾向,学校工作人员能做的最重要的事情之一就是不让学生独处,并确保学生在任何时候都安全。

打破保密协议

无论是在自杀风险评估过程中还是之后,一些有自杀倾向的学生都可能会要求对他们提供的信息保密,不愿与父母分享。重要的是,要清楚地告知学生,你不能将他们的自杀行为向父母保密。这一过程应该通过以下方式来完成:强调有许多人关心该学生,包括他/她的父母,并希望其安全。我不建议首先向学生表明你必须打破保密协议,因为道德规范要求这样做。相反,我建议你对学生说:"我知道你不想让我将你的感受告诉你的父母。但你的父母关心你和爱你,他们想尽自己所能帮助你,并向你表明他们有多关心你。除非他们知道你有过自杀想法,否则他们无法做到这一点。"

使用承诺治疗声明而非不自杀协议

"不自杀"或"安全"协议通常是与有自杀倾向的人协商的书面或口头协议,希望能提高干预的依从性和降低自杀行为的可能性(Brent,1997)。这种做法似乎在许多心理健康专业人员中很受欢迎,特别是在门诊中,它往往是治疗的主要部分(Berman et al.,2006)。虽然有些人支持在风险评估(Stanford, Goetz, & Bloom,

1994)和干预(Egan，1997)中使用不自杀/安全协议，但现在越来越多的人认为不应该这样做(Goin，2003；Lewis，2007)，因为它们为心理健康专业人员提供了虚假的安全感并降低了临床警惕性。

例如，乔布斯(Jobes，2003)提出："安全协议既不是契约性的，也不能确保真正的安全。因为它倾向于强调患者不去做什么，而不是强调患者要做什么。"(p. 3)关于该主题的文献综述发现，使用不自杀协议没有得到实证证据的支持，研究者建议使用承诺治疗声明作为替代方案(Rudd，Mandrusiak，& Joiner，2006)。尽管如此，许多心理健康专业人员仍普遍使用不自杀协议(Berman et al.，2006)。

通知父母/看护人

完成自杀风险评估后，无论风险等级如何，都应通知父母/看护人。完成自杀风险评估的同一天，学校心理健康专业人员应与父母/看护人取得联系。

通知警方或其他社区援助部门

根据自杀风险的严重程度和对交通或其他服务的需求，通知警察或其他社区援助部门。如果通知了警察或其他社区援助部门，他们应该清楚地了解学生潜在的自杀风险的严重性。

建立档案

学校采取的所有行动都应记录在案，且档案应保存在安全的地方。所有档案文件应在事件发生当天完成，以确保更高的准确性。应尽可能逐字记录学生和其他受访者的反应。

为学生重返校园作准备

鼓励学校工作人员采用全方位方法提供服务，这种方法与处理学生的破坏性行为问题最常采用的方法类似（Quinn & Lee，2007）。全方位方法提供了综合的、多系统的干预，包含学生生活的不同环境背景。学校工作人员与其他领域（例如医疗、少年司法等）的专业人士采用协作的多学科方法紧密合作。研究发现，全方位方法可以改善青少年的适应行为，减少他们的情绪和行为问题，在学校和社区更成功地发挥作用（Quinn & Lee，2007）。虽然在青少年自杀情境下，全方位方法的有效性尚未得到评估，但它与治疗儿童青少年各种心理健康问题的有效方法一致。

针对自杀青少年的其他干预

社会心理干预

增加联系

迄今为止，在随机对照试验中，只有两种干预被证明对预防自杀死亡具有显著和积极的影响。两者都是社会心理干预，针对与自杀高度相关的变量——社会联结或归属感（Joiner，2005，2009）。尽管这两项研究的样本没有包括儿童青少年，但研究结果具有启发性，对学校自杀预防工作具有一定的指导意义。

莫托和博斯特罗姆（Motto & Bostrom，2001）开展了一项大规模研究，涉及843名自杀未遂后住进精神病院的前患者，他们拒绝接受持续的护理。被试被随机分配到两种实验条件下，一组被试定期接收医院工作人员的简短信件（实验条件），另一组不接收任何信件（控制条件）。实验组被试收到的"关怀信件"并不冗长，信件只是简单地表达关心，并提醒患者在需要时可以接受治疗。尽管发送给患者的信件很短，但并非标准格式。每次信件的措辞都不同，并且尽可能地个性化。前四个月每月发送一封信件，接下来的八个月每两个月发送一封信件，后续四年每三个月发送一封信件，结果在过去五年间一共发送了24封信件。

研究结果表明，干预的前两年，收到信件的实验组自杀死亡的可能性显著降低，之后两组被试的自杀风险开始趋于

> 增加联结可能是减少青少年自杀行为的有用和可行的策略。

接近。研究者推测，这种与有高风险持续自杀行为的个体联系的系统干预项目之所以有效，是因为它使患者感觉自己好像仍然以某种方式与医院机构有联系。

弗莱施曼及其同事（Fleischmann et al.，2008）也开展了一项增加与有自杀风险的个体联系的研究。他们将因尝试自杀而住院的人随机分为两组：一组接受常规治疗（对照组），另一组接受常规治疗加上简短干预和联系，包括患者教育和随访。这项研究包括在5个不同地点的8家合作医院的1 000多名急诊科住院患者。在18个月的随访中考察自杀死亡率，结果表明，与常规治疗组相比，常规治疗加上简短干预和联系组的死亡率明显降低。

根据乔伊纳（Joiner，2009）的观点，"强调上述干预（人际联

系，当然包括获得治疗），以及自杀死亡的令人信服的结果，有可能为未来的学校自杀预防工作提供信息"（p. 246）。这些研究表明，即使有限的联系也可能对个人健康产生重大而深远的影响，包括降低自杀风险。这些结果支持这样一种观点，即学校自杀预防工作的一个关键要素应该是，让有自杀风险和高自杀风险的学生与其他人保持联系，无论是父母/看护人、同伴还是学校工作人员。

辩证行为疗法

> 辩证行为疗法是一种认知行为疗法，已经显示出对自杀青少年进行社会心理干预的前景。

辩证行为疗法（dialectical behavior therapy，DBT）是一种针对复杂的、难以治疗的心理健康障碍和问题的认知行为疗法。迪梅夫和莱恩汉（Dimeff & Linehan，2001）提供了关于辩证行为疗法的描述：

辩证行为疗法将行为疗法的基本策略与东方的正念练习相结合，存在于一种强调对立综合的辩证世界观中。"辩证"这个术语意味着，在治疗（有边缘型人格障碍的）自杀者时，多重紧张关系同时发生；辩证行为疗法强调加强辩证思维模式，以取代僵化的二元思维。辩证行为疗法的基本辩证关系在认可和接受来访者之间，因为它们同时处于帮助来访者改变的背景下。辩证行为疗法的接受程序包括正念（例如，关注当下、假设一个非评判性立场、关注有效性），以及各种基于认可和接受的风格策略。辩证行为疗法的改变策略包括对适应不良行为的行为分析和问题解决技能，例如技能培训、应急管理（即强化、惩罚）、认知修正和基于暴露的策略。（p. 10）

第一代行为疗法强调将基本行为原则应用于临床问题，第二代行为疗法通过消除或替代非理性的、有问题的想法增加了认知成分（O'Brien，Larson，& Murrell，2008）。与其他第三代行为疗法一样，例如接受和承诺疗法（acceptance and commitment therapy，ACT）（Hayes，Strosahl，& Wilson，1999）、功能分析心理疗法（functional analytic psychotherapy，FAP）（Kohlenberg & Tsai，1991），以及基于正念的认知疗法（mindfulness-based cognitive therapy，MBCT）（Segal，Williams，& Teasdale，2002），辩证行为疗法强调两个基本的相关概念——接受和正念（Greco & Hayes，2008；Hayes，Follette，& Linehan，2004）。

接受。辩证行为疗法与其他第三代行为疗法专注于接受问题和改变问题，这些想法最初看起来似乎相互排斥。但是，正如奥布莱恩及其同事所指出的（O'Brien et al.，2008）：

这些技术的目标不是改变有问题的想法或情感，而是接受它们的本来面目——这只是私人体验，而不是字面真相。在这种观点中，接受伴随着改变，但这种改变与传统的认知行为疗法中的改变不同：来访者并没有改变他们思想的内容，而是改变了他们与思想的关系。接受和改变之间的谨慎平衡称为辩证行为疗法的核心辩证，是所有第三代行为疗法共同的辩证法特征。当来访者能够平衡接受和改变，接受他们思想的本来面目，从而改变他们与思想的关系时，他们就获得朝着有价值的方向发展的灵活性。（p. 16）

辩证行为疗法与传统认知行为疗法的不同之处在于，它对私密事件和内部体验的治疗，例如想法、情感和身体感受。正如格雷科和海斯（Greco & Hayes，2008）所指出的："并非直接针对并试图改变想法和感受的内容、频次和形式，基于接受的方法……寻求改变内部现象的功能，以减少它们对行为的影响。"（p. 3）因此，对熟悉和习惯传统认知行为技术，特别是强调认知重组和质疑非理性想法与信念的专业人士来说，最初可能会觉得转换思维以理解第三代行为疗法（如辩证行为疗法）很难，因为这些技术与认知疗法的基本前提相差甚远（Merrell，2008b）。特别是，与传统认知行为疗法强调改变来访者思想的内容不同，辩证行为疗法强调改变来访者与他们思想的关系（O'Brien et al.，2008）。

正念。 除了接受之外，第三代行为疗法（如辩证行为疗法）的另一个共同点是强调正念。正念是"以一种特定的方式集中注意；是有意的、强调当下的、不加评判的一种方式"（Kabat-Zinn，1994，p. 4）。因此，即使在最不愉快的情况和时刻，正念也要求活在当下，不加评判（O'Brien et al.，2008）。正念需要三个不同但相互关

联的要素：观察、描述和参与。更具体地说，"观察意味着关注个
体自己的想法、感受和行为，而不是试图改变它们；描述是指不加
评判地标记想法、感受和行为；参与需要完全投入当下，没有自我
意识"(O'Brien et al.，2008，p. 21)。尽管应用正念解决心理健康
问题的历史相对较短(Greco & Hayes，2008)，但佛教徒修行正念
已超过 2 500 年(Kabat-Zinn，2003)。

辩证行为疗法最初由莱恩汉(Linehan，1993)开发，源于一系
列失败的尝试，这些尝试试图将标准的认知行为疗法应用于有边缘
型人格障碍的慢性自杀成年人患者(Dimeff & Linehan，2001)。
此后，辩证行为疗法广泛用于各种涉及情绪失调的问题，例如物质
滥用和暴饮暴食(Dimeff & Linehan，2001)，并且成为非自杀性
自伤潜在的有效治疗方法(Klonsky & Muehlenkamp，2007)。此
外，近年来辩证行为疗法已成功用于治疗儿童青少年群体(例如，
Callahan，2008；Woodberry，Roy，& Indik，2008)，包括表现出
自杀行为的青少年(Miller，Rathus，& Linehan，2007)。

如前所述，在标准的辩证行为疗法中，核心辩证法是接受与改
变之间的平衡(Linehan，1993)。辩证行为疗法最初主要针对具
有边缘型人格障碍的成年人开发和实施，他们表现出生物倾向的
情绪失调与无效的社会环境的结合(Linehan，1993)，辩证行为疗
法治疗师试图通过接受来认可来访者。在这个框架下，接受是指
"一种能力，即在特定背景下，将以前不接受的想法、情感和行为视
为合理的"(O'Brien et al.，2008，p. 20)。

正念是教授给在接受和改变两极之间挣扎的人的一项核心技能。正念不是辩证行为疗法教授的唯一技能，但它的教学和实践为其他所需技能的发展提供了基础，包括容忍痛苦、调节情绪和人际关系有效性的技能（Wagner，Rathus，& Miller，2006）。正如奥布莱恩及其同事所指出的（O'Brien et al.，2008）：

> 通过培养对当下时刻的非评判意识，个人……可以更好地观察和标记自己的情绪，而不会冲动地采取行动；因此，他们对痛苦情绪的容忍度提高了，他们调节情绪的能力提高了，他们可以更有效地与他人建立联系，他人的情绪也会得到观察和非评判性标记。（p. 20）

诺克等人（Nock，Teper，& Hollander，2007）描述了辩证行为疗法治疗师的作用和功能。

- 仔细识别并操作治疗过程中要改变的目标行为（使用心理障碍、问题行为和来访者功能的综合评估），并在治疗过程中持续测量这些行为。
- 帮助来访者识别自我伤害行为和其他目标行为的前因后果，以便他们更好地了解自己的行为，并能够调整自己的行为。
- 一旦治疗师和来访者了解了来访者自我伤害行为的作用，他们就会共同努力开发其他替代的和不相容的行为来取代它。

- 与其他形式的行为疗法一样,辩证行为疗法治疗师试图改变来访者的环境以实现行为改变,而对于青少年,这涉及在整个治疗过程中与其家庭一起工作。

- 除了与家庭成员分享治疗理念和计划,必要时治疗师还努力调整家庭成员与青少年的互动,例如通过教授父母管理技能。(p. 1084)

针对可能有自杀倾向的学生,辩证行为疗法治疗师应首先与他们一起致力于治疗,然后专注辩证行为疗法的主要目标,包括:(1) 减少危及生命的行为;(2) 减少干扰治疗的行为;(3) 减少干扰生活质量的行为;(4) 提高行为技能。在辩证行为疗法课程中教授给学生的主要技能应该包括正念、情绪调节、人际关系有效性、痛苦忍耐和中庸技能(Nock et al.,2007)。最后一个技能模块是青少年辩证行为疗法的一个独特方面,涉及教授以家庭为中心的技能,如认可自我和他人、使用行为原则,以及了解常见的青少年家庭困境(Nock et al.,2007)。虽然针对成年人的辩证行为治疗建议至少持续一年,但米勒及其同事(Miller et al.,2007)开发的青少年辩证行为疗法门诊疗程明显较短,可在 16 周内完成。

有关辩证行为疗法的更全面的讨论超出本书的范围。尽管大多数学校心理健康专业人员可能不会在学校提供像辩证行为疗法这样直接的社会心理干预,但这些专业人员至少应该了解辩证行为疗法的基本原则，以及为什么人们认为它可以有效治疗有自杀倾向的青少年。显然需要对青少年群体进行更多关于辩证行为疗法的研究，该领域的工作前景广阔。鼓励对辩证行为疗法感兴趣的学校心理健康从业者参阅其他资料（Linehan，1993；Callahan，2008；Miller，Rathus，& Linehan，2007）。

住院治疗

当有自杀倾向的青少年住院时，很多人似乎都松了一口气，主要是因为他们认为住院很有帮助。情况可能确实如此，但学校工作人员不应将住院等同于治疗，或者认为住院治疗将解决有自杀倾向的青少年的所有问题。大多数住院治疗的人都是自杀未遂或者有某种形式的自杀行为，并不会长期住院，通常只需要住院一两天。将有自杀倾向的人（包括有自杀倾向的成年人）送进医院的主要目的是控制和稳定，而不是延长和强化治疗。

> 住院有时是必要的，但学校工作人员不应该把它与全面或有效的治疗混为一谈。目前尚不清楚住院治疗是否有益于有自杀倾向的青少年。

此外，正如乔伊纳所指出的（Joiner，2010）："在美国，每年有成千上万的人因心理疾病在住院治疗期间或出院后几天自杀死亡。因此，住院治疗和自杀死亡之间存在某种联系。"（p. 181）这一陈述不应被解读为住院治疗导致自杀。相反，两者被理解为高度相关，是因为心理疾病的潜在严重性会增加住院治疗和自杀的可能性。尽管住院治疗有益，并且处于高自杀风险状态的学生会被明确建议住院治疗,然而,重要的是要意识到,无论是否自愿住院治疗,也无论住院治疗时间长短,我们目前不能确定住院治疗是否为一种有效的治疗方法(Joiner,2010)。

医院工作人员将努力保证住院青少年的安全,使他们无法接触任何可能被用来伤害自己的东西。如果他们在入院当天没有出院,他们会有饭吃、有床位睡觉,并且在住院期间尽可能有舒适的环境。精神科医生、心理学家、社会工作者和/或医院其他心理健康专业人员可能会探访他们,不过考虑到自杀者通常住院时间短,因此不会花费精力对他们进行心理治疗。医院作为医疗机构,就医的青少年很可能会得到处方药物,例如治疗单相或重度抑郁症的抗抑郁药;如果他们被医院工作人员诊断为患有双相情感障碍,那么会得到锂盐。

药物问题和争议

一个重大的争议涉及儿童青少年使用抗抑郁药物及其与自杀行为的可能关系。有研究表明,帕罗西汀——一种选择性 5-羟色胺再摄取抑制剂,可能会轻微增加重度抑郁症儿童青少年的自杀意念和行为。这一发现引起美国食品药品监督管理局(Food and Drug Administration,FDA)

> 对抗抑郁药物的使用存在重大争议,特别是它是否会增加青少年的自杀行为。服用抗抑郁药物并没有增加学生的自杀未遂或自杀行为。

以及其他监管机构的关注(Kratochvil et al.,2006)。2004 年,在一次公开听证会上公布了一项元分析的结果,该元分析包括 9 种抗抑郁药物的 24 项临床对照试验（约 4 400 名儿童患者）。在所有试验中均未发现自杀事件，主动用药组自发报告自杀意念的累积风险为 4％，安慰剂组自发报告自杀意念的累积风险为 2％（Hammad，Laughren，& Racoosin，2006）。没有证据表明，服用抗抑郁药物会增加成年人的自杀行为；事实上，结果可能恰恰相反（Joiner，2010）。

与服用安慰剂的患者相比，接受抗抑郁药物治疗的患者的自杀意念（尽管不是自杀）发生率更高，其确切原因尚不清楚。乔伊纳（Joiner，2010）提出了一个重要解释：

> 许多人发现抗抑郁药物具有激活作用——它们可以帮助解决精力不济问题，并将平淡的情绪变得更加积极。在大多数情况下，这代表从疲劳、缺乏活力和注意力以及情绪低落中得到一种令人宽慰的解脱。但激活会不会过多呢？答案是肯定的，当这种情况发生时，它可能导致躁动、烦躁不安、焦虑和失眠。这些可能构成自杀意念和行为的急性风险因素，因为躁动和失眠是最严重的自杀警示信号之一。最终结果是，通常可以缓解抑郁症的药物，可能使一小部分人过度活跃，从而增加他们的自杀倾向。（p. 250）

听取了各种公共卫生机构和精神药理学组织的建议后，2004年 10 月，美国食品药品监督管理局发布了针对所有抗抑郁药物的"黑匣子"警告，这一警告是美国食品药品监督管理局采取的最强

有力的措施,但实际上并没有撤销他们批准的药物(Joiner,
2010)。本质上说,在儿童群体中使用抗抑郁药物可能会增加自杀
风险(Hammad et al.,2006)。在此警告之后,针对儿童群体的抗
抑郁药物处方数量显著下降(Bhatia et al.,2008)。具有讽刺意味
的是,现在有人推测,由于担心抗抑郁药物可能与自杀有关,因此
服用抗抑郁药物的青少年数量减少,这至少部分导致青少年有更
多的自杀行为(Gibbons et al.,2007)。例如,随着美国青少年服
用选择性5-羟色胺再摄取抑制剂处方数量的减少,自杀死亡人数
增加(Joiner,2010)。利比及其同事(Libby et al.,2007)也发现,
医生诊断出的儿童青少年抑郁症的程度低于预期,这可能由抗抑
郁药物引起的恐惧导致。

在一篇文献综述中,博斯特威克(Bostwick,2006)发现,抗抑
郁药物与青少年自杀之间存在联系的证据不足以令人信服。他认
为,如果使用药物导致自杀风险增大,则最有可能发生在开始用药
后的前几周,并且个体用药时间越长,自杀行为发生的可能性越
小。皮尔逊(Pierson,2009)承认抗抑郁药物可能会增加青少年的
自杀意念,但没有证据表明抗抑郁药物对其他更严重形式的自杀
行为有影响。此外,乔伊纳(Joiner,2010)指出,"绝大多数证据表
明,这些药物(即抗抑郁药物)尽管不十全十美,但可以预防并减少
人类大量痛苦"(p. 245),抗抑郁药物减少而不是增加儿童青少年
的自杀行为。

这个问题在媒体上(并非在见多识广的科学家和研究人员中)

仍然备受争议，存在对抗抑郁药物的尖锐批评（Joiner，2010）。不过，学校工作人员应该明白，尽管应该根据个人具体情况开具抗抑郁药物处方，并且始终仔细监测药物使用情况，然而没有令人信服的证据表明，如果使用得当，抗抑郁药物会增加意外和反常的自杀行为。当适当和审慎地使用抗抑郁药物时，它能够成为预防抑郁症青少年自杀的重要治疗成分。

学校工作人员，特别是学校心理健康专业人员，可以在监测青少年抗抑郁药物的使用方面发挥重要作用，特别是对有自杀史或可能实施自杀行为的学生（Miller & Eckert，2009）。例如，服用抗抑郁药物的青少年可以在服药前、服药中、服药后完成自陈问卷，包括雷诺兹青少年抑郁量表第二版（Reynolds's Adolescent Depression Scale-Second Edition，RADS - 2）或自杀意念问卷。健康专业人员（如学校护士）和心理健康专业人员（如学校心理学家）是监管药物的合适人选，有研究表明，他们愿意承担且胜任这一任务（Guerasko-Moore，DuPaul，& Power，2005）。

为了在学校中有效监测药物，鼓励从业者采取灵活的方法，包括对评估成分的可接受性和可行性进行评估（Volpe，Heick，& Guerasko-Moore，2005）。在成为药物监测的主动参与者之前，学校工作人员应确保自己具备：（1）有关药物的法律、道德和培训问题的知识；（2）精神药物治疗方面的知识；（3）行为评估技术的知识（Carlson，2008）。有关班级药物监测及学校精神药理学干预的更多信息，读者可以参考相关文献（Anderson，Walcott，Reck，&

Landau，2009；Carlson，2008；DuPaul & Carlson，2005；Volpe，
Heick，& Guerasko-Moore，2005）。

本章结语

本章概述了学校对有自杀行为风险的学生的选择性干预，以及对有高自杀风险的学生的三级干预。重要的是，学校工作人员要了解如何有效应对正经历自杀危机的学生。本章还回顾了有自杀倾向的青少年的社会心理干预，以及自杀青少年住院治疗和服用抗抑郁药物的相关争议。了解这些领域的学校心理健康专业人员更有可能预防青少年自杀行为，并在自杀行为发生时作出有效响应。

第七章

自杀的学校事后干预

自杀在很大程度上带来了难以形容的混乱和破坏。

——凯·雷德菲尔德·贾米森（Kay Redfield Jamison）

我们最不期望的事情通常会发生。

——本杰明·迪斯雷利（Benjamin Disraeli）

有所准备。

——博伊·斯科特·莫托（Boy Scout Motto）

即使学校实施了自杀预防项目，仍然有学生可能自杀。在这种情况下，自杀学生所在的学校往往成为其他学生、学校工作人员、家长和媒体关注和审视的焦点（Poland，1989）。当一个学生（或者学校工作人员）自杀时，大多数学校都没有为这件事情作好准备，人们经常会感到震惊和怀疑，不知道应该做什么，以及如何最有效地应对经历丧失的学生和学校工作人员。多年来，波伦（Poland，1989）一直在一个大的城市学区指导和协调危机干预服务，处理过数以百计的青少年自杀事件,他陈述"学校工作人员可能受训最少,也最担心的一个问题是,自杀发生后应该怎么做"(p. 122)。

"事后干预"(postvention)这个术语指自杀发生后采取的一系列预先计划好的行动。事后干预的最初目的是,帮助学

> 事后干预指自杀发生后采取的一系列预先计划好的行动。

生和学校工作人员应对因学生自杀而产生的一些复杂感受,例如震惊、悲伤、悲痛和混乱(Brock,2002;Lieberman,Poland,& Cassel,2008)。另一项重要的事后干预是,采取适当的措施来防止进一步的自杀事件或自杀行为(这种现象通常称为自杀传染),并仔细监控可能处于最高风险的学生(Brock,2002)。

尽管学校管理人员(如督学、校长、副校长)可能意图良好,但他们往往无法在学生自杀后提供所需的领导,因为他们通常没有接受过预防自杀的培训,更不要说事后干预,事发后他们最常用的策略是"假装自杀事件没有发生,希望不再有其他自杀事件发生"(Poland,1989,p. 135)。鉴于这种情况,学校心理健康专业人员有责任为所有学校工作人员制定、实施和培训事后干预,以防发生学生自杀事件。本章主要围绕这些内容展开。

学校事后干预的目标

正如第二章所讨论的,所有学校都应该有详细的政策和措施,说明他们如何解决青少年自杀行为的问题,包含对事后干预措施

> 准备是有效的自杀事后干预的一个重要组成部分，自杀发生之前就应该确立这些程序。

的详细和具体描述，并确定事后干预小组成员及其职责。准备是有效的自杀事后干预的一个重要组成部分，自杀发生之前就应该确立这些程序。此外，学校事后干预小组成员应该确保事后干预在实施之前确实是需要的（Brock，2002）。

学校危机干预小组应该包括学校哪些专业人员并没有决定性的标准，但我的观点是，学校危机干预小组理应包括所有心理健康专业人员，如学校心理学家、学校咨询师和学校社会工作者。有一个或多个专业人员被指派到学区内的多所学校，他们应该加入这些学校的危机干预小组。一个明智之举是，危机干预小组包括学校护士，以及至少一位管理者（可以是校长或副校长）。危机干预小组可能需要有责任心、可靠和口碑好的教师，如果他们愿意，应该欢迎他们加入。

任何危机干预，包括事后干预的首要目标是，帮助个体重建即时应对技能（Brock，2002）。学生自杀后应立即处理的一个关键问题是，死亡事件给其他学生带来的挑战。例如，如果死者很有名（比如一个受欢迎的学生或老师）和/或自杀发生在公共场所（比如发生在学校），那么可能需要采取事后干预。然而，如果死亡事件发生了，但学

> 任何危机干预，包括事后干预的首要目标是，帮助个体重建即时应对技能。

> 学生自杀后应立即处理的一个关键问题是，死亡事件给其他学生带来的挑战。

生不知道(而且将一直不知道)死亡原因是自杀,那么可以不用进行(自杀的)事后干预(尽管仍需要向有些学生提供哀伤辅导)。正如鲁夫和哈里斯(Ruof & Harris,1988)所说的:"自杀行为只有在其他人知道的情况下才具有传染性……如果你能将(自杀)未遂的知识屏蔽在学校之外,那么这样做可能是明智的。"(p. 8)这个建议的合理之处在于:"如果在没有必要的情况下进行事后干预,这将给自杀带来过度关注,并可能传递出自杀是一种引起关注的方式的信号。"(Brock,2002,pp. 557-558)

在很多情况下,如果自杀确实发生了,学生都将会获知这件事。当学生知道有同学自杀时,学校最糟糕的做法莫过于让学校工作人员假装这件事没有发生(Brock,2002)。

> 当学生知道有同学自杀时,学校最糟糕的做法莫过于让学校工作人员假装这件事没有发生。

不幸的是,这种做法并不罕见。例如,我知道一个中等城市学区在2008—2009学年有4名学生自杀。自杀者都是高中生,其中两起自杀事件发生在一个星期内。第三起自杀事件发生前,该学区显然没有实施任何事后干预(第四个学生在不到两个月后自杀)。为什么这个学区没有采取任何事后干预呢?据新闻报道,学区负责人说该地区通常不与学生讨论自杀的事情,因为担心美化自杀,进而增加自杀事件发生的可能性。不应该忽视这句话的讽刺意味。

学校自杀事后干预方案

布洛克（Brock，2002）开发了一份方案，为学校工作人员提供了学生自杀死亡后实施干预程序的优先次序清单。这些程序根据

> 鼓励学校工作人员使用学校自杀事后干预方案，以有效应对自杀事件。

其重要性排列，不同的危机应对小组领导者可能会同时处理多个程序。该方案的完成时间可能有所不同，但学校危机应对小组应在得知学生死亡后立即启动。学校工作人员应计划在24小时内完成除最后三个程序以外的全部程序（Brock，2002）。本章最后所附的讲义7-1提供了这些程序的摘要。

确认死亡事件的发生

一旦收到学生死亡的报告，危机应对小组领导者应立即设法核实死亡情况，并确认死亡原因是否为自杀。将死亡归为自杀的法律程序很复杂，通常由验尸官办公室的法医确认。除非得到可靠的，最好是多种来源的证实，否则死亡不应被认为由自杀造成。提供证据方包括自杀者的家人、验尸官办公室、医院、警察或司法部门。未经核实，不宜采信学生、教师或学校其他工作人员的陈述（Brock，2002）。

在获得可靠的信息之前，不管有什么样的谣言，学校工作人员都不应该告诉其他学生发生了自杀事件。例如，我知道有一种情况，学校工作人员感到有压力，不得不透露有关一名学生可能自杀的信息，因为学校里有个别学生互相发消息，散布关于该事件的谣

言。这虽然可以理解，但学校工作人员如果没有得到确切的信息，就应该克制贸然行事的冲动。

大多数情况下，学生的死亡会被确认，但死亡的具体原因不一定得到查证，至少死亡后的几天内无法确定。在这种情况下，仍要实施事后干预，尽管考虑到死因不明，事后干预可能会更多关注与悲伤相关的问题。

调动危机应对小组

一旦证实有人死亡，应该立即调动学校危机应对小组。这个小组将共同承担主要的领导角色，以完成所有事后干预任务。虽然这些任务需要采取团队协作的方式完成，但危机应对小组的成员在这个过程中可能会被分配承担特定的任务（Brock，2002）。

评估自杀对学校的影响及所需事后干预水平

一旦成立，危机应对小组应立即开始评估死亡对学校的潜在影响和所需的事后干预水平（Brock，2002）。应对水平可以从简单地集中于几个选定的学生到囊括整个学校。确定适当的应对水平很重要，因为低估或高估所需的支持水平都会带来潜在的问题。低估可能会导致没有为有需要的学生和学校工作人员提供足够的事后干预服务。高估可能有大肆渲染死亡的潜在风险，对死亡的关注超过当下应有的程度（Brock，2002）。

评估自杀对学校的影响主要包括，估计受死亡影响的学生人数（Brock，2002）。评估时需要考虑以下因素：离自杀发生时间较近的情况（例如，是否最近发生其他创伤性事件，先前的自杀危机事件)和自杀发生的时间(例如,自杀发生在学校假期,尤其是较长的假期,比发生在学校上课期间对学生产生的影响更小)。学校工作人员需要知道受自杀影响的学生的人数(和姓名)。例如,如果自杀发生在学校,估算受自杀影响的学生人数时应该考虑发现尸体的学生,他们可能需要创伤干预、创伤后应激干预和/或哀伤干预(Brock,2002)。

> 监测自杀者的亲密朋友至关重要,强烈建议对这些人进行个性化自杀风险评估。

有效事后干预还包括,准确识别自杀者的亲密朋友(Brock,2002)。研究表明,青少年时期经历朋友自杀事件,在事件发生的第一年内,当事人出现自杀意念和自杀企图的概率增加,抑郁程度加重(Feigelman & Gorman,2008)。因此,监测自杀者的亲密朋友至关重要,强烈建议对这些人进行个性化自杀风险评估(Miller & Eckert,2009)。

通知学校其他相关人员

接下来,危机应对小组应该联系可能受死亡影响和/或将参与事后干预的学校其他相关人员(Brock,2002)。应尽快通知学校工作人员,最好是在确认死亡后的一小时内。在公开宣布自杀事件前,应将相关信息提供给合适的学校工作人员。有关该自杀事件的通报和后续信息应同步至学区办事处(许多关心事件进展的家长会致电咨询)、可能受影响的其他学校,以及受死亡影响的学校工作人员(Brock,2002)。

联系自杀者家属表示哀悼并提供协助

当危机应对小组试图核实死亡的事实时,事后干预的首要任务之一往往是与自杀者的家属联系,建议在死亡事件发生后 24 小时内由适当的学校人员亲自联系(Brock,2002)。在这种情况下,拜访家长显然是令人心情沉重的场合,可能会使学校工作人员感到不自在和尴尬。这可以理解,但记住以下这一点可能有所帮助,即学校工作人员可能感受到的任何难堪,与学生家庭经历的情感重创相比都微不足道。在与刚自杀身亡的学生的家属见面时,要慎重地传达哀悼,并真诚地以任何可能的方式帮助他们。例如,看着父母的眼睛并真诚地说:"琼斯先生,我很抱歉亚当发生了这样的事,我们关心您和您的家人,想让您知道,如果您有什么需要帮助,请告诉我们,我们不想在任何事情上打扰你们,但是我们希望尽我们所能帮助你们。"

对家属表达哀悼和支持的努力不应该被某些善意但无益的言论破坏,比如说自杀是"上帝的意愿",他们的孩子现在"在一个更好的地方",或者父母将会随时间从丧失中"恢复过来",悲伤最终会"结束"。这样的表述很有可能引发父母的愤怒和轻蔑。利文斯顿(Gordon Livingston)是一位精神病学家,他的一个儿子死于自杀,另一个儿子死于白血病,他说他学到"对'结束'这个词的持久厌恶,因为它安慰性地暗示,悲伤是一个有期限的过程,我们都会从中恢复过来。那种认为我可以做到不再想念我的孩子的想法对我来说是令人厌恶的,我对此不屑一顾"(Livingston,2004,p. 116)。

利文斯顿还讲述了一个关于已故演员佩克（Gregory Peck）的故事，他以在经典影片《杀死一只知更鸟》中的精彩表演而获得第 35 届奥斯卡金像奖最佳男主角奖。在他儿子自杀身亡多年后的一次采访中，佩克被问到他多久会想起儿子一次。他说："我不是每天都想他，我是每天每时每刻都想他。"（Livingston，2004，p. 116）同样，乔伊纳联想到另一个故事，一名男子的儿子死于自杀，有人安慰他，他儿子的自杀是"上帝的旨意"。这也许是一种善意但不适宜的安慰，这名男子愤怒地回答："我的宝贝儿子开枪自杀并不是上帝的旨意！"（Joiner，2010，p. 3）这些简短的例子提供了一些经验教训，即有些话不应该对自杀事件发生后悲伤的家庭成员说。

和家属讨论与自杀有关的问题及学校的反应

在与父母的会面中，建议危机应对小组成员与父母讨论哪些死亡的细节可以向外人，包括学校工作人员和学生公布。应该明确告知家属，学校工作人员既不会讨论，也不会推测任何可能的自杀原因（Brock，2002）。然而，对死亡原因是自杀这一事实保密通常不合适，即使父母要求不公布这些信息。在与学校工作人员和学生分享有关自杀的信息时，对自杀事件的诚实态度和真实表达需要让位于不侵犯自杀学生及其家庭的隐私（Poland，2003）。死者家属可以帮助确认，死者的哪些朋友可能需要帮助。如果时间合适，学校可与死者家属讨论对自杀行为的事后干预，如果危机应对小组尚未确定将采取何种程序，可以推迟这一讨论（Brock，2002）。

确定公布哪些有关死亡的信息

在与家属见面后,危机干预小组将决定如何告诉学校工作人员、学生、父母和媒体有关死者的消息(Brock,2002)。一旦核实死亡,危机干预小组应尽快公布这一事实。学校公布时间拖得越长,可能散布出来的谣言(通常不准确)就越多。

死亡被证实为自杀之前

在很多情况下,死亡会得到证实,但死亡原因不会,至少不会马上得到证实。因此,公开承认学生死亡往往发生在披露死亡原因之前。在死亡被证实为自杀之前,学校应该简洁并真实地将其视为原因尚不明确的死亡事件。危机应对小组与学生和学校工作人员之间的交流应该尊重事实,避免猜测,并鼓励学生和学校工作人员也这样做。随着获取更多信息(例如,证实学生的死因是自杀),危机应对小组需要评估自杀事件并确定要公布的信息(Brock,2002)。

死亡被证实为自杀之后

一旦死亡被确认为自杀,学校应该向学生和学校工作人员公布这一消息。学校工作人员应在学生之前收到消息。通过学校电话树系统(预先布置的系统,通过电话将信息快速、有效地传递给许多人)联系所有学校工作人员,并让他们在发生危机情况时提前半小时报告。这样,学校工作人员就可以在学生到学校之前简要了解自杀事件。对学生的陈述应该是真实且简短的。

提供事实,驱散谣言

应当为学生提供基本的事实,但避免陈述过多的自杀细节。

不提供信息，甚至表现出不提供信息的样子，通常会导致谣言的传播。由于谣言往往不准确，而且经常比事实更容易引起焦虑，因此驱散谣言非常重要。以下是关于如何向学生公布信息的一些建议：

- 应该明确说明学生的死因是自杀。不应该提及自杀使用的方法或其他不必要的细节。
- 声明中应该明确表示这显然是一种非常糟糕和令人悲伤的情况，对一些学生和学校工作人员来说（处理这些信息）可能会有困难。
- 声明应让学生清楚地知道，如果他们愿意，辅导员和其他专业人士可以与他们交谈，如果学生选择这样做，应该让他们知道哪里可以获得这些服务。这些服务应该全天提供，只要有必要，教师应该允许学生接受这些服务。
- 发布的信息应避免美化或诋毁自杀者。
- 发布的信息的关注点应该是哀悼并从悲剧中吸取教训。
- 向学生强调自杀是一种可预防、可治疗的问题。让他们重新熟悉风险信号，并知道自己或他人能够去哪里获得帮助。
- 告知学生心理健康专业人员将会解答他们可能有的任何问题。
- 如果葬礼在上课时间举办，学生询问自己是否可以参加，应该告诉他们可以参加；如果葬礼向公众开放，他们得到父母的允许后可以参加。然而,学校不应该为此组织活动,学区也不应该为学生提供专门的公交车。

- 在课堂上向学生声明情况之后,教师应该像往常那样开始讲课。有些学生可能没有准备好投入功课,并可能要求离开教室去咨询辅导员。如果发生这种情况,他们应该获得批准这样做。其他人,特别是可能不太了解自杀事件的学生,情绪上可能不会受到影响,能够很容易专注于功课。这种处理方式传递了一个明确的信号:任何想要帮助的人都可以得到帮助,但学校也将继续正常的教学活动。

确定如何公布关于死亡的信息

在掌握关于死亡的信息后,下一步应该确定如何公布这些信息,特别是如何将这些信息传达给学生。可能的选择包括电话告知、课堂公布和讨论、书面信函或公告以及个人讨论(Davis & Sandoval,1991)。应该尽快向学生传达信息,但这一步骤应该在与学校工作人员分享信息之后(Brock,2002)。

向学生报告死亡事件

传递自杀事件信息的方式与提供的内容同样重要。例如,不建议使用大型礼堂或扬声器来提供信息。教师或学校其他工作人员在教室向学生提供信息更为可取。为了尽可能确保提供给所有学生的信息一致,危机应对小组可以准备一份声明,学校工作人员应该(逐字逐句)读给他们的学生听(Brock,2002)。

在获得有关自杀事件的信息后（这很可能是学生第一次直接经历此类事件），学生向学校工作人员提出问题很正常。学校危机应对小组的成员应该预见这些问题，并为课堂教师提供适当的答案，或让教师将这些问题转交给学校其他工作人员。波伦（Poland，2003）确定了学生自杀后的一些常见问题：

- 为什么这个人自杀？
- 这个人使用了什么方法自杀？
- 为什么没有人阻止他/她？
- 没有人或事该为自杀事件受到指责吗？
- 这个人是不是作了一个不好的选择，对他/她产生愤怒合适吗？

识别受自杀事件严重影响的学生并启动转介机制

这个过程应该由危机应对小组启动。根据死亡事件对学校的影响的评估，危机应对小组将开始联系可能受自杀影响最大的人。危机应对小组成员应该积极帮助这些人，并确定随着时间的推移，是否需要持续监测他们。

召开全体教师计划会议

在与教师进行初步沟通/汇报后，应召开全体教师计划会议。本次会议的目标包括回顾自杀预警信号，讨论学校当前的应对情况，以及确定将采取的行动。与全体教师的会面也为学校工作人员提供一个机会，让他们表达自己对自杀事件的情绪，如果他们在与学生讨论这一话题时感到不适,应该允许他们坦诚地说出来。在这种情况下,一些教师可能无法为学生提供全面的支持和指导,应该为这些教师提供其他机会,以帮助开展事后干预工作(Brock,2002)。

启动危机干预服务

一旦确认需要服务的个体,最好在死亡事件发生24小时内提供服务。危机应对小组应确保其成员仔细查看自杀者的课程表,与同自杀事件关系密切的学生单独面谈(Brock,2002)。

召开日常计划会议

启动事后干预后,危机应对小组应该计划每天至少召开一次会议,通常是放学后,时间视情况而定,必要时会议时间尽可能长。会议的目的是梳理当天发生的事件并制定补充计划(Brock,2002)。

策划纪念活动

许多人可能希望以某种方式纪念自杀者。虽然这种冲动可以理解,但由于可能存在传染效应(后面会讨论),学校工作人员需要谨慎对待。一般来说,应该避免有形的纪念,支持用永久性纪念来替代,例如设立以自杀者命名的旨在提高自杀认识的学生援助基金,或者以死者的名义向一个致力于预防自杀的全国性组织捐赠。如前所述,希望参加葬礼的学生应该得到父母的允许,但不鼓励学校组织行程,也不鼓励降半旗仪式(Brock,2002)。

事后干预的工作汇报

事后干预结束后,应听取所有为事后干预作出努力的人的情况汇报。这次会面的目的包括回顾事件并采取后续危机干预行动、评估采用的策略，以及计划可能需要的任何其他措施。最重要的可能是，这次汇报给危机应对者一个机会，可以讨论他们对危机的反应，并分享自己的情绪体验——在汇报之前，他们可能很少有时间或者根本没有时间这样做（Brock，2002）。本章最后所附讲义 7-1 总结了学生自杀事件发生后应该实施的主要事后干预程序。

自杀传染

事后干预的一个主要目的是，防止出现任何进一步的自杀行为，即防止自杀传染现象的出现。这种担忧源于有研究支持自杀具有传染性，接触自杀行为会使人们去模仿。学生可能通过亲身经历（例如，他们在学校里认识的人自杀身亡）或媒体曝光的名人自杀来接触自杀行为。青少年似乎特别容易受到传染效应的影响，所以学校工作人员应该意识到这个问题并合理地解决它。

如果学生自杀死亡，学校工作人员可以按照特定的步骤来降低自杀传染发生的可能性。关于自杀传染和媒体的作用，研究表明媒体传播是适度的，但媒体可以在易感群体的决策过程中发挥关键作用（Hawton & Williams，2001），特别是电视、书籍或报纸上呈现的非虚构自杀事件（Pirkis & Blood，2001）。

当人们认同自杀者（例如，年龄、性别、国籍），明确说明自杀事件中使用的自杀方法，并且突出或引人注目地报道自杀事件时，与媒体相关的自杀传染更可能发生（Hawton & Williams，2001；Pirkis & Blood，2001；Pirkis，Blood，Beautrais，Burgess，& Skehan，2007；Stack，2003）。收听某些类型的摇滚音乐或观看某些类型的音乐视频也可能增加易感个体的自杀意念（Rustad，Small，Jobes，Safer，& Peterson，2003）。

鉴于儿童青少年可能特别容易受媒体影响（Hawton & Williams，2001），为媒体提供关于自杀的恰当陈述的指南至关重要。不幸的是，皮尔基斯及其同事（Pirkis et al.，2007）认为，目前还没有确切的证据证明媒体指南对媒体专业人员的行为或自杀率产生了影响。

媒体合作指南

当学生自杀事件发生时，有一些媒体会报道。学校工作人员应该谨慎选择如何向媒体公布信息。虽然在这种情况下，媒体报道通常被学校工作人员视为不受欢迎的干扰，但它也可以且应该被视为公共教育和社区推广的机会。媒体在教育公众对待自杀行为方面发挥了重要作用，包括普及自杀的风险信号，如何减少与自杀群体相关的污名，以及个体可以做些什么去帮助别人。媒体对自杀的报道本身不是问题，真正的问题是报道中呈现了自杀的方式。学生自杀造成的悲剧性的生命逝去已无法改变，但这场悲剧的一个有益方面是，让人们有更多的机会认识到自杀是一个可以预防的问题，并且我们都可以在其中发挥作用。

一些致力于自杀预防和公共卫生的国家组织，包括美国自杀学会、美国预防自杀基金会（American Foundation for Suicide Prevention，AFSP）和安纳伯格公共政策中心（Annenberg Public Policy Center，APPC），合作制定了自杀发生后建议媒体报道应遵循的指南。这些建议通常适用于普遍的媒体报道，不仅针对青少年自杀报道，而且涵盖各种不同的主题，值得注意的是：（1）自杀传染；（2）自杀和心理疾病；（3）对自杀者亲友的访谈；（4）报道使用的恰当语言；（5）特殊情况；（6）要考虑事件报道的覆盖范围。

自杀传染

研究表明，通过将自杀描绘成英雄般的或浪漫的行为，从而无意中将自杀浪漫化或将自杀者理想化，可能会鼓励其他人认同自杀者。

媒体报道过的自杀手段，可能会诱发易感群体模仿这种方式。临床医生认为，如果详细描述自杀方法，则危险性更大。研究表明，对自杀地点或位置的详细描述或相关图片会鼓励模仿。

将自杀描述成一个健康者或高成就者的令人费解的行为，可能会使人们认同自杀者。

自杀和心理疾病

传达大多数心理问题都有有效的治疗方法（但没有被充分利用）的信息，可能会鼓励有此类问题的人寻求帮助。

承认死者的问题和挣扎，以及他/她的生活或性格的积极方面，有助于获得一个更加平衡的印象。

报道自杀时要问的问题应该包括：自杀者是否曾接受抑郁症或任何其他心理障碍的治疗？自杀者是否有物质滥用问题？

对自杀者亲友的访谈

全面的调查通常会揭示甚至连亲密的朋友和家属都没有意识到的潜在问题。大多数自杀者确实发出自杀风险的预警信号。

一些知情者倾向于认为，某个特定的个体，例如家庭成员、学校工作人员或健康服务提供者在某种程度上对自杀者的死亡起到作用。然而，深入调查总能找到自杀的多种原因，无法将自杀的责任简单归结为单一的人或事。

通过描述和照片展现亲属、老师或同学的悲痛，或者社区哀悼反应，以此渲染自杀的影响，可能会促使潜在的自杀者将自杀看作得到关注或报复他人的一种方式。

其他媒体指南

让青少年在电视或纸质媒体上讲述他们自杀未遂的故事可能对青少年有害，或可能鼓励其他易感人群以这种方式寻求关注。

尽可能避免在标题中提到自杀。除非自杀在公开场合发生，否则死亡原因应该在文章正文中报道，而不是在标题中。

对于将在全国范围内报道的死亡事件，比如名人的死亡，或者容易被当地报道的死亡事件，比如居住在小镇上的人的死亡，标题可以考虑使用这样的措辞："玛丽莲·门罗在 36 岁死亡"或"约翰·史密斯在 48 岁死亡"。他们如何死亡应该在文章正文中报道。

在故事的基调中，将死者描述为"死于自杀"（having died by

suicide）比"一名自杀者"（a suicide）或"实施自杀"（committed suicide）更可取。后两种表达将人简化为死亡模式，或暗示犯罪或有罪恶行为。

将"自杀死亡"（suicide deaths）与"非致命尝试"（nonfatal attempts）对照，比用"成功""不成功"或"失败"这样的术语更为可取。

本章结语

如果学生死于自杀，有必要进行事后干预。事后干预的两个基本目的是，提供危机干预服务以及预防进一步发生自杀行为的可能性。有效的预案是事后干预的关键，但不幸的是，许多学校没有有组织的危机应对小组以随时准备在必要时迅速作出响应。在学校，几乎没有比学生自杀更令人震惊和意想不到的事件，但学校工作人员可以通过积极主动、协调和有效的方式来应对这一事件，尽可能预防进一步发生自杀行为。从根本上来说，有效的事后干预是真正有效的预防。

讲义 7-1 •••••••••••••••••••••••••••••••••••••••

学校事后干预常用指南

- 在危机前作好计划,并回顾美国自杀学会或美国学校心理学家协会等信誉良好的国家组织的指南。

- 自杀事件发生后,学校危机应对小组应尽快会面或沟通,制定计划并分派任务。

- 核实并确认发生自杀事件。这应该通过与法医、警察和死者家属沟通来完成。

- 自杀事件发生后不要停课或鼓励学生在上课时参加葬礼,但要让学生知道在父母允许的情况下他们能参加葬礼(如果葬礼对公众开放)。

- 确保学校工作人员参加葬礼,以支持受影响的学生和自杀学生的家属。

- 不要为死者设立任何有形的纪念(如年鉴、树、长凳等)。支持使用永久性纪念形式,如以自杀者的名义向自杀预防组织捐赠,或以自杀学生的名义参与筹款项目,以提高自杀预防意识,这可以提供安慰,增强意识,从悲剧事件中创造积极的一面。

- 代表学校、学区或社区为预防自杀作出贡献。

- 联系死者家属并表示哀悼,在学校为死者的兄弟姐妹提供支持

来源:戴维·N. 米勒(David N. Miller)的《儿童青少年自杀行为:学校预防、评估和干预》(*Child and Adolescent Suicidal Behavior: School-Based Prevention, Assessment, and Intervention*)。版权所有© 2011 The Guilford Press. 仅允许本书的购买者影印本讲义供个人使用(详见版权页)。

和所需的协助。告知家属学校对自杀事件的应对情况。

- 不要在大型会议上或通过对讲机向学生发布自杀的信息。以小组的形式向教师和学生发布信息，最好是在他们平时上课的教室里。诚实地确认学生死亡的原因是自杀，但避免详细描述自杀方法及着重说明自杀原因。应该重点关注自杀预防中的一般因素，强调应对技巧，让学生了解学校和社区有哪些资源可以帮助他们。

- 在自杀事件发生后的几天内，学区内或学区外提供更多的心理健康专业人员，并在学生或学校工作人员需要额外支持时，让这些专业人员随时待命。

- 监测死者的亲密朋友和同学；如果可能，与他们单独会面。

- 在学校大楼内安排临时咨询室，以便心理健康专业人员能够与学生和学校工作人员单独会面。

- 与媒体、执法部门和社区机构合作。

- 向学区内的媒体和学生家长强调两个要点：（1）不能将自杀简单地归咎于某个单独的人或事；（2）如果需要可以获得帮助。

- 为学校工作人员提供咨询或讨论的机会。

- 为受影响最大的人提供后续服务，并注意周年纪念日，如死者生日和死亡一周年纪念日。

- 评估事后干预。

结束语

自杀是一个深刻而可怕的人类悲剧。之所以说它是悲剧,是因为它有可以理解的易处理的原因,进而可以消除(但目前还没有,至少不够);之所以说它可怕,是因为它要求我们放弃作为生物本能的自我保护,在世界范围内每年导致100万人死亡,没有人应该孤独地死去……(错误地)认为从此世界将会变得更好。

——托马斯·乔伊纳(Thomas Joiner)

预防自杀是每个人的责任。

——斯科特·波伦(Scott Poland)

无论是谁拯救了一条生命,(这个人)就好像拯救了整个世界。

——《塔木德》(The Talmud)

我在本书的前言提出,作为一个社会,我们在预防自杀(包括青少年自杀)方面没有达到应有的效果,主要原因包括自杀的保密和污名化。就像对待有严重心理疾病的人（Penney & Stastny，2008；Whitaker，2010），在历史上，我们对自杀者的反应一直以恐惧、困惑和不合理对待为特征。围绕自杀行为的许多误解进一步加剧了这一问题，包括对自杀行为的原因、如何最好地治疗自杀行为的误解，以及低估其普遍性。正如乔伊纳及其同事（Joiner et al.，2009）所指出的，"（自杀）这一公共问题的范围与公众对它的整体反应之间存在巨大差异"（p. 168）。

　　为了进一步说明这一点，请考虑以下事实。首先，在美国，每有两人死于他杀，就有三人死于自杀。其次，每有一人死于艾滋病病毒/艾滋病，就有两人死于自杀（Joiner et al.，2009）。尽管每年死于自杀的人数比死于他杀或艾滋病病毒/艾滋病的人数要多得多，但美国为解决他杀和艾滋病问题的资金投入远远超过为预防自杀提供的资金投入。例如，2006 财政年度，美国国家卫生研究院为自杀研究提供了 3 200 万美元的资金，为艾滋病病毒/艾滋病研究提供的资金是自杀的 90 倍（约 29 亿美元）。同样，2001 年，为州立成人惩教机构提供的资金为 295 亿美元，同年只有 5 360 万美元用于心理健康治疗，州立成人惩教机构获得的资金是心理健康治疗获得的资金的 550 倍。因此，在美国，虽然每年自杀会导致大量死亡，但它没有得到与其他可预防的死亡原因同等程度的关注和财政支持（Joiner et al.，2009）。

　　各州和国家为学校预防自杀提供的资金同样有限。幸运的是，学校不需要大量资金来积极开展全面的学校自杀预防工作。

不幸的是，我们国家的许多学校并没有开展自杀预防工作。主要原因有污名化、对自杀行为的普遍存在缺乏了解，以及一些家长和学校专业人员不愿在学校提供心理健康服务。如果我们真的想预防儿童青少年的自杀行为，所有这些问题都可以解决，而且必须加以解决。没有比学校更适合做这些事的地方了。

治疗与治愈的区别

医学人类学领域提出了治疗疾病（curing a disease）和治愈生病（healing an illness）的一个有用的区别。克兰曼（Kleinman，1980）指出："疾病指生物过程的故障，而生病指感知疾病的社会心理体验和意义……从这个角度来看，生病是将疾病塑造成行为和经验，它由个人、社会和文化对疾病的反应造成。"（p. 72）为了说明这一区别，克罗森（Crossan，1994）在艾滋病病毒/艾滋病背景下讨论了这一问题。虽然研发艾滋病病毒/艾滋病的治疗方法十分值得，但"如果没有这种方法，我们仍然可以通过拒绝排斥患者，同情他们的痛苦，并通过尊重和爱包容他们的痛苦来治愈生病"（p. 81）。

这与自杀以及学校自杀预防有明显的相似之处。和携带艾滋病病毒或患有艾滋病的人一样，自杀的青少年不仅遭受"疾病"的影响（例如，由心理障碍引起的情绪痛苦，如抑郁症通常是自杀行为的原因），而且遭受"生病"的痛苦（即自杀青少年经常感受到的污名化和羞辱）。学校工作人员可以在处理自杀的"疾病"和"生病"方面发挥重要作用。该如何做呢？将本书介绍的内容付诸实践。特别是要破除理解的障碍，以及让青少年得到他们所需的帮助而不感到被污名化的障碍。

我认为，妨碍我们更积极主动地预防自杀（包括儿童青少年自杀）的一个障碍是，人们普遍认为自杀是个人问题而不是社会问题，换句话说，自杀是个人健康问题，而不是公共卫生问题。自杀往往只被视为自杀（无论是自杀意念、自杀表达、自杀未遂还是自杀死亡）亲历者，或者直接受其影响者（当然，数量远超出大众想象）的问题。我希望现在读者已经清楚，情况并非如此；自杀是我们每个人在生活中的某个时刻都会面临的问题。我们无法逃避这一问题。

青少年自杀：很大程度上可预防的问题和不必要的悲剧

青少年自杀在很大程度上是一个可预防的问题，这意味着它在很大程度上是一个不必要的悲剧。斯科特·波伦在得克萨斯州的赛普拉斯-费尔班克斯独立学区开发并协调了一项全国认可的学校自杀预防项目，他表示"预防自杀是每个人的责任"。我同意，我希望本书的读者也会同意这一观点。通过承担预防自杀的责任，我们对它负责。如果学校工作人员不认为自己对预防青少年自杀负有责任，那么其他人更加不可能认为自己负有责任。用记者大卫·K.希普勒（David K. Shipler）的话来说，"当责任如此分散时，它似乎不复存在。恰恰相反，看起来好像没人负责任，事实上每个人都需要承担责任"（Shipler，2004，p. 299）。

　　我希望读者能从本书中了解到,青少年自杀行为是一个重大且复杂的公共卫生问题,它反映了潜在的心理健康障碍,大多数有自杀倾向的青少年并不想死,而是想结束自己的痛苦。自杀可以预防,我们每个人都可以在这个过程中发挥作用,学校和学校工作人员在这方面特别有帮助。为此,我们必须承担预防青少年自杀的责任。不是因为我们做了导致自杀发生的事情,而是因为我们没有尽自己所能阻止它。预防青少年自杀是每个人的责任,包括你自己。

　　可以说没有比挽救他人生命更伟大的成就了,特别是涉及拯救儿童或青少年免于不幸的自杀死亡。鉴于学校从业人员与青少年接触频繁,他们可能有绝佳机会去实现这一意义重大的目标。迫切的问题需要紧急响应,而现在是作出回应的最佳时机。让我们共同努力,使自杀预防、评估和干预成为学校的重中之重。

附录一

公立学校学生自杀判例法[①]

　　本附录回顾了已公布的法庭判决,在这些判决中,家庭试图追究学校官员对学生自杀的责任。案件的焦点集中在 20 多个判决上,原告起诉教育工作者(包括学校辅导员和心理学家),要求赔偿学生自杀造成的损害。对案件的审查表明,绝大多数判决都有利于学校官员。在这些案件中,原告根据两种责任理论要求经济赔偿: 州普通法下的过失和宪法侵权 1983 条款。

过失案例

　　一些学校心理健康专业人员担心,如果他们没有向他人警告学生可能会有自杀行为,那么他们将为学生自杀承担责任。这种担忧可能基于广为人知的塔拉索夫诉加利福尼亚大学董事案(1976),在这起案件中,加利福尼亚州最高法院确定了心理治疗师

---

　　① 本部分内容由理查德·福西(Richard Fossey)和佩里·A. 齐克尔(Perry A. Zirkel)撰写。理查德·福西是北得克萨斯州大学教师教育与管理系教授、教育管理项目协调员、教育改革研究中心高级研究员,得克萨斯高等教育法律研究所所长。佩里·A. 齐克尔是美国理海大学教育与法学教授。

的警告职责,即如果心理治疗师的病人对他人构成严重的暴力危险,那么心理治疗师有责任发出警告。然而,塔拉索夫诉加利福尼亚大学董事案并没有被其他法庭普遍采用,加利福尼亚州最高法院也拒绝将塔拉索夫诉加利福尼亚大学董事案中规定的警告责任推广到自杀案件(Nally v. Grace Community Church,1988)。

直到1991年,第一个上诉法院才承认就学生自杀对学区或学校心理健康专业人员提起诉讼的理由。在艾泽尔诉蒙哥马利县教育委员会案(1991)中,13岁的艾泽尔明显死于与另一名学生的谋杀-自杀协议(murder-suicide pact)。艾泽尔的父亲起诉了蒙哥马利县教育委员会及其两名学校辅导员,他声称艾泽尔与校方存在特殊关系*,学校辅导员有责任向父母报告艾泽尔的自杀意念。根据这位父亲的控诉,艾泽尔曾向同学表达过自杀意愿,同学将这一消息告诉了学校辅导员。据称,学校辅导员就这些信息询问了艾泽尔,但是艾泽尔否认有任何自杀的念头。学校辅导员否认收到任何关于艾泽尔表示想要自杀的信息。

初审法院驳回了这位父亲的诉讼,裁定学校工作人员没有阻止艾泽尔自杀的法律义务。然而,在上诉中,马里兰州最高法院推翻了初审判决,将案件发回下级法院重新审理。上诉法院列出了六个因素,以确定学校工作人员是否有义务警告艾泽尔的父母艾泽尔有自杀倾向:(1)伤害的可预见性;(2)预防未来伤害的价值

---

* 附录相关案件指存在照顾责任的关系。——译者注

的公共政策考量；(3) 学校被告的行为和自杀在时间上的接近性；
(4) 道德责任；(5) 如果被告承担了防止艾泽尔自杀的责任,他们
将会承受的负担；(6) 被告获得保险以承担学生自杀责任风险的
能力。

在法院看来,可预见性是裁定学校被告是否有法律义务阻止
艾泽尔自杀的最重要因素。除非艾泽尔的自杀对被告来说是可预
见的,否则他们没有义务阻止艾泽尔自杀。在这个案件中,法院指
出,尽管学校辅导员否认,但据称他们确实知道艾泽尔表达过自杀
的愿望。即使艾泽尔否认有任何自杀的念头,但如果她的行动是
可预见的,那么辅导员无法免除对艾泽尔自杀的责任。法院指出,
马里兰州一家社会服务机构的指导意见建议,即使学生否认有自
杀念头,学校也应该认真考虑同伴有关学生自杀情绪的报告。

作为上诉法院认为的第二个主要因素,出于公共政策的考量,
学校有义务防止学生自杀。马里兰州通过了一项《自杀预防学校
项目法案》(Suicide Prevention School Programs Act),授权州教
育机构与当地学区合作,开发学生自杀预防项目。在艾泽尔的学
校,自杀预防项目包含对学校工作人员的建议:"告诉其他人——
尽快将相关信息告诉给学生父母、朋友、教师或其他可能提供帮助
的人。如果有人向你透露自杀计划,不要担心打破信赖关系。你
可能不得不出卖一个秘密来拯救生命。"鉴于有明确制定旨在防止
学生自杀的州一级公共政策,法院毫无困难地认定学校辅导员应
承担注意义务,采取行动以防止学生自杀。具体而言,法院总结:

"在有证据表明学生有自杀意图的情况下,要求辅导员承担普通法中防止自杀的合理注意义务,这符合该法的基本政策。"

虽然塔拉索夫案的判决得到广泛关注,但很少有人知道,在发回初审法院时,陪审团裁定被告辅导员对艾泽尔的死亡不负有责任(Fossey & Zirkel,2004)。尽管记录没有说明,为什么陪审团作出有利于学校辅导员的判决,但很可能是陪审团认为,学校辅导员不知道或没有理由知道艾泽尔的自杀意图。

自 1991 年艾泽尔案判决以来,已有多起家长就学生自杀事件起诉学校及其工作人员的案件。其中一些案件类似艾泽尔案,原告家长依据普通法的过失理论提起了诉讼。在另一些案件中,他们提起了 1983 条款联邦民权诉讼,声称存在违宪行为。无论依据哪种理论,原告很少胜诉。

在几起案件中,法院裁定学校及其雇员分别享有学生自杀引起的过失诉讼的政府和官方豁免权。例如,1996 年明尼苏达州发生的基伦(Killen)诉 706 号独立学区案件中,九年级学生迪布利(Jill Dibley)在家中用枪自杀。一名学校辅导员曾警告迪布利的父母迪布利表达过自杀情绪,并且建议迪布利接受心理咨询。然而,据称迪布利后来又作出更加具体的自杀表述时,辅导员并没有通知其父母。

迪布利的父母起诉学区没有执行正式的自杀预防政策,而且学校辅导员没有告诉他们迪布利关于自杀的具体表述。初审法院批准了被告驳回诉讼的动议,明尼苏达州上诉法院维持了驳回诉讼的判决。上诉法院认为，根据明尼苏达州的政府豁免条款，学区和学校辅导员享有诉讼豁免权。这些条款适用于与过失索赔有关的自由裁量行为。法院的结论是，雇员的行为属于自由裁量行为，因此在没有恶意或故意不当行为证据的情况下，适用豁免保护。

同样，在格兰特诉谷景学区董事会案(1997)中，高中生格兰特(Jason Grant)曾写过表达自杀想法的纸条，并告诉其他学生自己想要自杀。一些学生向学校辅导员报告了这一情况，辅导员给格兰特的母亲打了电话并急切地要求她带着格兰特去医院治疗药物过量这一问题。然而，据称辅导员没有将格兰特的自杀行为告诉他的母亲。当天晚些时候，格兰特从高速公路立交桥上跳下身亡。和基伦案件相似，格兰特的母亲也因过失之责起诉学区和学校辅导员，声称学校本应该实施自杀预防项目，而且辅导员本应该通知她格兰特有自杀行为。针对被告的动议，初审法院驳回了格兰特母亲的诉讼请求。

与基伦案件的法院判决一样，伊利诺伊州的一个上诉法院也驳回了诉讼，理由是州法律规定公立学校及其雇员享有此类诉讼的豁免权，除非有证据证明他们的不当行为是故意或肆意的。在上诉法院看来，学校辅导员在与格兰特母亲的沟通中没有表现出故意的不当行为。事实上，法院的理由是，"如果辅导员在得知格兰特的想法后没有采取任何行动，她的不作为可能构成故意和肆意的不当行为"。法院的结论是，辅导员在与父母的沟通中，即使假设她没有提到格兰特的自杀意念，也不是故意或肆意的。

在没有适用的政府豁免权保护的州,类似的诉讼基本上也不成功。例如,在一起涉及公立学校辅导员的学生自杀案件中,威斯康星州的上诉法院裁定,作为一个法律问题,即不需要经过审判,父母的诉讼因缺乏过失索赔的基本要素——因果关系而失败。更具体地说,法院裁定自杀是过失行为中的替代或干预力量,从而破坏了与第三方(如学校辅导员)的因果关系。在麦克马洪诉圣克洛伊福尔斯学区案(1999)中,高中新生麦克马洪悄悄溜出学校,去了朋友家里,在朋友家的车库里往自己身上浇汽油,然后自焚而死。在自杀之前,麦克马洪显然对他成绩不及格感到沮丧,这导致他被学校篮球队除名。麦克马洪的一位同学声称,她告诉一名学校辅导员麦克马洪计划逃学,并且曾说过"对生活感到厌倦"。然而,学校否认收到过任何有关麦克马洪自杀意念的信息。

父母的过失诉讼基于两项主张。首先,他们争辩说,学校本应该告诉他们麦克马洪的成绩不及格,他被学校篮球队除名,他声称的抑郁症状,以及他在自杀当天没有上学。其次,他们声称学校辅导员本应该在得知麦克马洪情绪低落的信息后采取行动。威斯康星州的一个中级案件判决学校被告胜诉,因为根据威斯康星州的法律,自杀是一种介入性或替代因素,"它打破了过失行为的因果关系,不使被告承担民事责任"。因此,法院的判决是,没有必要决定"该学区是否有义务通知麦克马洪的父母,或跟进学生向学校辅导员报告麦克马洪情绪低落一事"。

在2009年的科拉莱斯诉本内特案中,第九巡回上诉法院作出类似的判决，将加利福尼亚州的法律应用于这起案件。一名中学生索尔特罗（Anthony Soltero）因参加学生抗议联邦移民改革法案的罢课，遭到学校管理者严厉训斥后开枪自杀。索尔特罗的父母以各种联邦宪法理论以及过失为由起诉学校管理者，但第九巡回上诉法院批准驳回所有索赔。

关于过失的指控，第九巡回上诉法院认为，只有当被告的行为导致死者产生"无法控制的自杀冲动"，被告才对自杀承担责任。第九巡回上诉法院援引加利福尼亚州的判例法，裁定"如果过失只是造成一种心理状态，在这种状态下，自杀者能够认识到自杀行为的性质，并且有力量控制自杀行为"，那么被告对此人的自杀不承担责任。第九巡回上诉法院指出，索尔特罗与副校长见面后去上课，与母亲和一位朋友交谈，并写了一份详细的自杀遗书。因此，在第九巡回上诉法院看来，索尔特罗"有机会了解自己行为的性质"，而且索尔特罗的父母无法证明副校长的行为是索尔特罗自杀行为的直接原因。

与威斯康星州的判决和第九巡回上诉法院依据加利福尼亚州法律作出的判决一致，新罕布什尔州最高法院裁定，学校官员在没有恶劣行为的情况下不应对学生的自杀承担责任。在 2009 年的迈克尔诉学校行政部门第 33 号案中，中学生马尔凯维奇（Joshua Markiewicz）告诉一名教师助手，他"想打爆自己的脑袋"。这名教师助手通知了学校辅导员，辅导员让马尔凯维奇签订了一份"安全协议"，并把这件事告知了马尔凯维奇的母亲。然而，学校辅导员并没有就自杀威胁采取进一步的措施,大约两个月后马尔凯维奇便死于自杀。

新罕布什尔州最高法院裁定,学校只在以下情况对学生的死亡负责:对学生有监护和照管责任(本案未满足该条件),实施了"极端和令人发指的"行为,导致(学生)产生不可控制的自杀冲动,或妨碍其意识到自己行为的(致死)性质。在新罕布什尔州法院看来,没有任何一个学校工作人员参与了令人发指的导致自杀的行为。马尔凯维奇的母亲辩称,学校辅导员与马尔凯维奇之间存在一种特殊关系,根据过失原则,学校辅导员有责任采取措施,以阻止马尔凯维奇自杀。法院驳回了这一观点,认为辅导员与马尔凯维奇的关系并不包括"看护"马尔凯维奇的责任,即对他承担完全的人身监护责任。法院援引其他司法管辖区的案例,拒绝强制学校辅导员承担防止马尔凯维奇自杀的特殊责任。

阻碍学生自杀案件普通法责任认定的另一个障碍可通过两个上诉法院的判决来说明:一个来自密歇根州(纳勒帕诉普利茅斯-坎顿社区学区,1994),另一个来自马里兰州(斯科特诉蒙哥马利县教育委员会,1997)。在密歇根州的案例中,一名二年级学生在学校看完一段视频后上吊自杀。视频中,一名男孩曾两次试图自杀,其中一次就是上吊。在这两起案件中,法院略式审判*处理了父

---

   *   略式审判(summary judgement)指在诉讼过程中,当法院认为案件事实无争议、无须开庭审理即可作出判决时,由法官根据现有证据直接作出裁定,通常应一方当事人请求而作出。——译者注

母的过失索赔，认为这相当于教育渎职，但这些州和其他大多数司法管辖区都不承认这一点。

死者的父母辩称，教师有责任不向二年级学生展示这类视频。换句话说，教师"在教孩子时使用了不恰当的材料"。上诉法院将这一指控定性为教育渎职索赔，但法院拒绝承认。法院不承认教育渎职索赔的决定基于三项公共政策考量。首先，法院表示，"我们的结论是，斯蒂芬受到的伤害与教师的过失责任显著失衡，或者至少与指控的疏忽过失相比显得高度异常"。其次，法院担心承认教育渎职索赔"可能会导致大量诉讼，这对已经负担过重的教育系统不利"。最后，法院表示十分不愿意"让法院过多卷入监督学校的日常运作中"。

同样，在马里兰州的案件中，联邦上诉法院维持驳回自杀身亡的八年级学生斯科特（Aaron Scott）的母亲提起的诉讼的判决。据称，学校心理学家在斯科特去世前约2个月与他会面，在进行自杀风险评估并记录斯科特说他有一天会自杀的言论后，学校心理学家判断他没有立即伤害自己的危险，没有将斯科特威胁自杀的言论通知他的父母。第四巡回法院得出结论，自杀行为与学校心理学家之间所谓的因果关系在法律上是不充分的。更具体地说，法院的理由是"从包含斯科特生活中大量压力因素的证据的记录来看，不可能辨别出为什么斯科特悲惨地结束自己的生命，（学校的）过失与斯科特的自杀有因果关系只是猜想"。此外，法院认为，即使父母可以证明因果关系，母亲的过失索赔主张也可以被归为教育渎职，而马里兰州不承认该诉讼事由。

相比之下，截至 2009 年，只有一项已公开的法院判决要求学区在学生自杀后应负过失之责。在威克诉波尔克县学校董事会案（1997）中，一名 13 岁的男孩威克（Shawn Wyke）在家中自杀。然而，有证据显示，他在学校期间曾两次试图上吊自杀，威克的母亲以普通法上的过失和宪法侵权 1983 条款为由起诉威克所在的学区。初审法院驳回了宪法索赔，但允许陪审团审理过失索赔。

在听取证据后，陪审团裁定赔偿总额为 50 万美元。然而，陪审团只判给威克的母亲大约三分之一的赔偿，并认定她和威克去世时的看护人有三分之二的过失。在上诉中，第十一巡回法院维持原判，裁定："当一个孩子在学校企图自杀，学校知道自杀企图却未能通知其父母或监护人，可被裁定为过失。"但是，在这个案件中，没有学校心理健康专业人员或教育工作者承担责任甚至受牵连。

美国宪法索赔

面对州法律过失案件中如此艰难的司法赔率，自杀学生的家长有时会根据涉嫌违反联邦宪法的 1983 条款索赔，寻求确定学校工作人员的责任。只有一个案件例外，已公布的联邦法院判决驳回了此类 1983 条款自杀索赔（Fossey & Zirkel，2004；Zirkel & Fossey，2005）。更具体地说，在福西和齐克尔的两篇文章中，他们分析了所有公布的对学区及其雇员提起诉讼的案例，这些案例都由当时已经判决的学生自杀事件引起。福西和齐克尔得出的结论是，在宪法责任理论下，公立学校教育工作者几乎不用担心学生自杀引起的诉讼，正如普通法中的过失责任理论。在宪法理论案例中，只有斯科特诉教育委员会（1997）一案涉及负有咨询责任的学校工作人员（学校心理学家）。该案件的法院裁定，死者的父母没有提供足够的证据证明学校的行为直接导致学生自杀。

1998 年的阿米霍诉瓦贡芒德（Wagon Mound）公立学校案是唯一一起承认以学生自杀为由对学校提起诉讼的案件。在这起案件中，新墨西哥州一所学校的校长将 16 岁的特殊教育学生阿米霍停课，据称他威胁对一名举报他骚扰小学生的教师使用暴力。校长指示学校辅导员开车送阿米霍回家，但没有试图联系他的父母。当天晚些时候，他的父母回到家中，发现阿米霍使用枪支自杀身亡。在死亡的当天，据报告阿米霍曾经告诉一名学校助理说自己或许"死了更好"。第十巡回上诉法院认为，提交的证据可以说明，校长和辅导员在知道阿米霍有自杀倾向时，将其单独留在家里，使其有机会接触枪支。

在阿米霍案件之后，联邦法院判决了数起指控违反宪法的学生自杀案件，但没有一起判决学校雇员有赔偿责任。例如，在桑福德诉斯泰尔斯案（2006）中，一名 16 岁的高中生桑福德给卡伦（一个他曾经约会过的高中女孩）写了一张令人不安的纸条，其中桑福德提到自杀。显然，卡伦并不认为桑福德真的会实施自杀。尽管如此，她还是向辅导员报告了纸条的内容。辅导员将这张纸条的复印件交给了桑福德的辅导员斯泰尔斯。据法院称：

> 斯泰尔斯立即将桑福德叫进她的办公室，她告诉桑福德很多朋友都很担心他，自己也很担心他。斯泰尔斯询问桑福德，是否因为与一个女孩之间的一些事而感到困扰，而他回复说："那是两个月前的事了，当时确实心烦，现在已经没有感觉了。"按照斯泰尔斯的说法，桑福德以"非常直截了当"的方式作出回应。

在这次谈话中，斯泰尔斯询问桑福德是否曾有伤害自己的计划或者会不会做类似的事情。他回答说"当然没有"。斯泰尔斯还询问了桑福德一些她认为"具有前瞻性"的问题，她在总结中认为桑福德没有自杀倾向。

几天之后，桑福德又去了辅导员办公室。这一次，桑福德询问斯泰尔斯是谁将纸条给她的。出于保密性考虑，斯泰尔斯拒绝告诉他这些信息。桑福德说："谢谢，我知道你会这么说，这就是我所需要的。"根据斯泰尔斯的说法，在他们的沟通过程中，桑福德"似乎看起来并不沮丧"。就在当天晚上，桑福德自杀了。据法院称，桑福德在死前与母亲发生了争吵。后来，母亲出门寻找他，发现他在家里地下室的一扇门上上吊自杀了。

桑福德的母亲依据宪法理论起诉斯泰尔斯，指控斯泰尔斯提高了桑福德自杀的风险。她还根据宾夕法尼亚州法律起诉斯泰尔斯的过失之责。联邦初审法院驳回了诉讼，因为陪审团认为缺乏充足的证据来证明斯泰尔斯的过失之责。在上诉中，第三巡回法院维持了初审法院的判决。根据第三巡回法院的判例，上诉法院解释说，原告只有在能够证明以下四个要素的情况下，才能在宪法索赔上胜诉：

（1）最终造成的伤害是可预见的，而且相当直接；

（2）国家行为者的行为具有一定程度的罪责，使人良心不安；

（3）国家与原告之间存在一种关系，即原告是被告行为的可预见的受害者，或者是遭受国家行为所带来的潜在损害的一个独立群体的成员，而不是一般公众成员；

（4）国家行为者确实使用其权力造成对公民的威胁，或比起不采取行动，公民更容易受到威胁。

在第三巡回法院看来，依据国家制造危险理论*，桑福德的母亲无法证明以上四个要素中的至少两个，以确定违反宪法。"具体地说，任何明智的陪审团都不能够认定：（1）斯泰尔斯的行为达到法定可归责程度；或者（2）她制造了一个本来不存在的机会，使（伤害）发生。"此外，桑福德的母亲无法在普通法的过失索赔中胜诉，因为根据宾夕法尼亚州的法律，斯泰尔斯可以免于过失诉讼。

---

* 国家制造危险理论（state-created danger theory）指如果政府行为或不作为主动制造或加剧了某人所面临的危险处境，从而导致其遭受伤害，那么该政府机构或人员可能被追究责任。——译者注

第三巡回法院裁决的一个关键部分是它的结论,即桑福德纸条中的陈述不是"明确的哭喊呼救"。法院指出,桑福德的纸条提到的自杀念头是他过去出现过的,收到纸条的高中女生卡伦"做证说,她的朋友们一直使用'我想自杀'这种说法"。简而言之,法院的结论是:"被告行为与桑福德的非正常死亡之间的关联性太弱,不足以构成(被告)承担法律责任的理由。"作出裁决时,法院指出斯泰尔斯没有忽视桑福德的纸条。相反,她及时与桑福德谈话,并作出判断他没有自杀倾向。

小结

总而言之,根据普通法和宪法索赔主张,在已公开的判例中,父母/看护者很少能成功追究学生自杀事件中的法律责任,而且没有判例导致学校心理健康专业人员或其他工作人员承担损害赔偿责任。可能存在与此相反的未公布的案例或庭外和解,判例法将来也可能会发生变化(此次回顾截至 2009 年)。迄今为止的判例有力地削弱了人们对(K-12 年级)学校工作人员因学生自杀而承担法律责任的过度担忧。

虽然有一些法院承认学校工作人员没有履行防止学生自杀的义务的诉讼理由,但对有关这一主题的所有案件的调查表明,迄今为止法院一直不愿意追究学校工作人员对这些悲剧的责任。在这些案件中,法院根据各种原因作出不利于原告的裁决:法定豁免权;自杀属于第三方免除承担责任的介入性死亡原因;拒绝承认看似基于教育渎职的索赔主张；或者仅仅因为缺乏证据表明学校工作人员是导致学生自杀行为的促成因素。此外，在这些悲惨事件发生后，公布的判决中没有一项裁定（K‑12 年级）学校辅导员、学校心理学家或情况类似的专业人员承担金钱赔偿责任。简言之，在撰写本文之时（截至 2009 年），已公布的案件判决并未显示出判定教育机构及其雇员对学生自杀事件承担责任的司法趋势。

自杀预防组织

美国自杀学会（American Association of Suicidology）

美国自杀预防基金会（American Foundation for Suicide Prevention）

哥伦比亚大学青少年筛查项目（Columbia University Teen Screen Program）

艾瑞斯联盟基金（Iris Alliance Fund）

杰森基金会（Jason Foundation）

杰德基金会（Jed Foundation）

克里斯汀·布鲁克斯希望中心（Kristin Brooks Hope Center）

联结咨询中心国家自杀预防资源中心（Link Counseling Center's National Resource Center for Suicide Prevention）

国家自杀预防委员会（National Council for Suicide Prevention）

国家有色人种反自杀组织（National Organization for People of Color against Suicide）

国家自杀预防热线（National Suicide Prevention Lifeline）

萨马里坦公司(Samaritans，Inc.)

自杀迹象项目(Signs of Suicide，SOS)

自杀意识教育之声(Suicide Awareness Voices of Education)

美国自杀预防行动网络(Suicide Prevention Action Network USA)

自杀预防资源中心(Suicide Prevention Resource Center)

黄丝带自杀预防项目(Yellow Ribbon Suicide Prevention Program)

健康、心理健康和教育组织

美国儿童青少年精神病学学会(American Academy on Child and Adolescent Psychiatry)

美国咨询协会(American Counseling Association)

美国心理学会(American Psychological Association)

美国学校心理辅导员协会(American School Counselors Association)

美国学校健康协会(American School Health Association)

美国心理疾病联盟(National Alliance for Mental Illness)

美国学校健康服务联合会(National Assembly on School-Based Health Care)

美国学校护士协会(National Association of School Nurses)

美国学校心理学家协会(National Association of School

Psychologists)

美国社会工作者协会(National Association of Social Workers)

美国学校社会工作协会(School Social Work Association of America)

期刊

Suicide and Life-Threatening Behavior,official journal of the American Association of Suicidology(AAS),is published six times per year and is widely considered to be the premier journal in the United States devoted to the study of suicide and suicide prevention.

《自杀与生命威胁行为》是美国自杀学会的官方期刊,每年出版六期,被广泛认为是美国自杀与自杀预防研究领域的顶级期刊。

期刊特刊

Miller,D. N.,& Eckert,T. L.(Eds.).(2009).School-based suicide prevention:Research advances and practice implications[Special issue]. *School Psychology Review*,38(2).

培训机会

学校自杀预防专家认证项目(The School Suicide Prevention Specialist Certification Program)是美国自杀学会提供的在线培训项目。

书籍

自杀概述

Colt，G. H. （2006）. *November of the soul: The enigma of suicide*. New York：Scribner.

本书为普通读者提供了自杀的全面概述，包括青少年自杀、自杀历史、自我毁灭性自杀行为的范围、自杀预防、死亡权利运动以及自杀幸存者等。它是一个很好的"起点"，可以使人们更好地理解自杀的多个方面。

Hawton，K.，& van Heeringen，K. （Eds.）. （2000）. *The international handbook of suicide and attempted suicide*. New York：Wiley.

本书由多位不同国家的撰稿者编写，涉及自杀的各个主题，例如儿童青少年自杀行为。

Jamison，K. R. （1999）. *Night falls fast: Understanding suicide*. New York：Knopf.

贾米森是约翰斯·霍普金斯大学精神病学教授，也是双相情感障碍研究的领军人物之一。本书为普通读者撰写，为理解自杀提供了有用而引人入胜的介绍。

Joiner，T. （2005）. *Why people die by suicide*. Cambridge，MA：Harvard University Press.

乔伊纳是当代自杀学的领军人物之一，他在此书中提出了关于人们为什么会自杀的理论,并提供了支持该理论的实证与逸事证据。此书是目前自杀研究领域最好的入门读物之一,面向普通读者。

Joiner，T.（2010）. *Myths about suicide*. Cambridge，MA：Harvard University Press.

正如书名所示,本书讨论了围绕自杀的多种误解。它被视为《人们为何自杀》的配套书籍。

Shneidman，E. S.（1996）. *The suicidal mind*. New York：Oxford University Press.

本书概述了施奈德曼自杀行为的心理痛苦理论,包含许多案例,引人入胜的风格适合普通读者阅读。

Shneidman，E. S.（Ed.）.（2001）. *Comprehending suicide: Landmarks in 20th-century suicidology*. Washington，DC：American Psychological Association.

本书汇编了 20 世纪与自杀研究相关的具有里程碑意义的论文,提供了自杀学领域思想演变的历史性的实用概述。

儿童青少年自杀行为

Berman，A. L.，Jobes，D. A.，& Silverman，M. M.（2006）. *Adolescent suicide: Assessment and intervention*（2nd ed.）. Washington，DC：American Psychological Association.

本书由三位具有重要影响力的自杀学家编写,提供了目前关于青少年自杀评估和干预的最全面概述。

Gutierrez，P. M.，& Osman，A.（2008）. *Adolescent suicide: An integrated approach to the assessment of risk and protective factors*. DeKalb：Northern Illinois University Press.

本书提供了丰富的实用信息，包括详细回顾了青少年自杀的主要风险因素和保护因素，基于实证的自我报告工具，以及青少年自杀风险评估指南。

King，R. A.，& Apter，A.（Eds.）.（2003）. *Suicide in children and adolescents*. New York：Cambridge University Press.

本书包含 10 章，由著名自杀学家撰写，涵盖了青少年自杀的多个主题。

Runyon，B.（2004）. *The burn journals*. New York：Vintage.

本书是作者的回忆录，讲述了他在 14 岁时试图通过自焚而自杀。描述了他在接下来的一年里如何在医院和康复机构接受治疗，提供了了解男性青少年忧伤的罕见视角。

Wagner，B. M.（2009）. *Suicidal behavior in children and adolescents*. New Haven，CT：Yale University Press.

本书提供了儿童青少年自杀行为的精彩概述，包含关于自杀青少年在发展问题、社交关系和情绪调节方面的有用信息。

临床面谈、自杀风险评估与管理

Goldston，D. B.（2003）. *Measuring suicidal behavior and*

risk in children and adolescents. Washington，DC：American Psychological Association.

本书是一本非常实用的参考指南，提供了关于儿童青少年各种自杀风险评估措施的心理测量数据以及其他信息。

Jobes，D. A.（2006）.*Managing suicidal risk: A collaborative approach*. New York：Guilford Press.

本书详细描述了合作性自杀评估与管理方法，提供了自杀风险评估、治疗计划和进展监测的逐步指导和可复制的表格。

Joiner，T. E.，Van Orden，K. A.，Witte，T. K.，& Rudd，M. D.（2009）.*The interpersonal theory of suicide: Guidance for working with suicidal clients*. Washington，DC：American Psychological Association.

本书面向心理健康专业人员，介绍了乔伊纳自杀行为的人际心理理论及其在自杀风险评估和干预中的实际应用。

McConaughy，S. H.（2005）.*Clinical interviews for children and adolescents: Assessment to intervention*. New York：Guilford Press.

本书是目前关于在学校环境中开展儿童青少年临床面谈的最佳书籍之一，包含一章自杀风险评估的内容。

Rudd，M. D.（2006）.*The assessment and management of suicidality*. Sarasota，FL：Professional Resource Press.

本书篇幅短(不到 100 页)，但内容引人入胜，由美国顶尖自杀学家编写，是实施自杀风险评估和管理潜在自杀来访者的一本实用指南。

Shea，C. S. (2002). *The practical art of suicide assessment: A guide for mental health professionals and substance abuse counselors*. New York：Wiley.

本书概述了如何进行有效的自杀风险评估，是目前该领域最为全面的书籍之一。

青少年自杀行为及相关问题的评估与干预

Merrell，K. W. (2008). *Helping students overcome depression and anxiety: A practical guide* (2nd ed.). New York：Guilford Press.

这是目前在学校环境中治疗儿童青少年抑郁和焦虑的最佳资源之一。

Miller，A. L.，Rathus，J. H.，& Linehan，M. M. (2007). *Dialectical behavior therapy with suicidal adolescents*. New York：Guilford Press.

本书出色概述了辩证行为疗法，并讲解了如何将其有效地应用于自杀青少年。

Miller，D. N.，& Brock，S. E. (2010). *Identifying, assessing, and treating self-injury at school*. New York：Springer.

本书聚焦于学校环境中非自杀性自伤行为的评估与干预，提供了该主题的全面概述。

在学校促进儿童青少年的心理健康、能力和福祉

Doll, B., & Cummings, J. A. (Eds.). (2008). *Transforming school mental health services: Population-based approaches to promoting competency and wellness of children*. Thousand Oaks, CA: Corwin Press.

本书采用公共卫生策略来提供学校中的心理健康服务,包括一章在学校范围内预防和治疗青少年抑郁及自杀行为的实用内容。

Gilman, R., Huebner, E. S., & Furlong, M. J. (Eds.). (2009). *Handbook of positive psychology in schools*. New York: Routledge.

这是第一本将新兴的积极心理学应用于学校的书。书中包含许多可能对预防潜在自杀行为有用的章节,例如促进感恩、希望、乐观及学校联结的章节。

Merrell, K. W., & Gueldner, B. A. (2010). *Social and emotional learning in the classroom: Promoting mental health and academic success*. New York: Guilford Press.

本书描述了课堂中的社会与情绪学习项目,包含如何实施这些项目以及它们在促进心理健康和学业成就方面的益处。

参考文献

Adelman, H. S., & Taylor, L. (2006). *The school leader's guide to student learning supports: New directions to addressing barriers to learning.* Thousand Oaks, CA: Corwin Press.

Albers, C. A., Glover, T. A., & Kratochwill, T. R. (2007). Where are we, and where do we go now? Universal screening for enhanced educational and mental health outcomes. *Journal of School Psychology, 45*, 257 – 263.

Alvarez, A. (1971). *The savage god: A study of suicide.* New York: Norton.

Ambrose, S. E. (1990). *Eisenhower: Soldier and president.* New York: Simon & Schuster.

American Association of Suicidology. (2006). Youth suicide fact sheet. Retrieved May 13, 2008, from *www.suicidology.org*.

American Association of Suicidology. (2008). *Suicide postvention guidelines: Suggestions for dealing with the aftermath of suicide in the schools.* Washington, DC: Author.

Anderson, L., Walcott, C. M., Reck, S. G., & Landau, S. (2009). Issues in monitoring medication effects in the classroom. *Psychology in the Schools, 46*, 820 – 826.

Armijo v. Wagon Mound Public Schools, 159 F.3d 1253 (10th Cir. 1998).

Aseltine, R. H., & DeMartino, R. (2004). An outcome evaluation of the SOS suicide prevention program. *American Journal of Public Health*,

94, 446 - 451.

Ashworth, S., Spirito, A., Colella, A., & Benedict-Drew, C. (1986). A pilot suicidal awareness, identification, and prevention program. *Rhode Island Medical Journal*, *69*, 457 - 461.

Bageant, J. (2007). *Deer hunting with Jesus: Dispatches from America's class war*. New York: Three Rivers Press.

Baker, J. A., Dilly, L., Aupperlee, J., & Patil, S. (2003). The developmental context of school satisfaction: Schools as psychologically healthy environments. *School Psychology Quarterly*, *18*, 206 - 222.

Baker, J. A., & Maupin, A. M. (2009). School satisfaction and children's positive school adjustment. In R. Gilman, E. S. Huebner, & M. J. Furlong (Eds.), *Handbook of positive psychology* (pp. 189 - 196). New York: Routledge.

Baker, J., Terry, T., Bridger, R., & Winsor, A. (1997). Schools as caring communities. *School Psychology Review*, *26*, 586 - 602.

Ballantine, H. T. (1979). The crisis in ethics, anno domini 1979. *New England Journal of Medicine*, *301*, 634 - 638.

Barrett, T. (1985). *Youth in crisis: Seeking solutions to self-destructive behavior*. Longmont, CO: Sopris West.

Batsche, G. M., Castillo, J. M., Dixon, D. N., & Forde, S. (2008). Best practices in linking assessment to intervention. In A. Thomas & J. Grimes (Eds.), *Best practices in school psychology V* (pp. 177 - 194). Bethesda, MD: National Association of School Psychologists.

Baumeister, R. F. (1990). Suicide as escape from self. *Psychological Review*, *97*, 90 - 113.

Baumeister, R. F., & Leary, M. R. (1995). The need to belong: Desire for interpersonal attachments as a fundamental human motivator. *Psychological Bulletin*, *117*, 497 - 529.

Beautrais, A. (2007). Suicide by jumping: A review of research and prevention strategies. *Crisis: The Journal of Crisis Intervention and Suicide Prevention*, *28*(Suppl. 1), 58 - 63.

Beck, A. T. (1996). Beyond belief: A theory of modes, personality, and psychopathology. In P. Salkovskis (Ed.), *Frontiers of cognitive therapy: The state of the art and beyond* (pp. 1 – 25). New York: Guilford Press.

Beck, A. T., Brown, G., & Street, R. A. (1989). Prediction of eventual suicide in psychiatric inpatients by clinical rating of hopelessness. *Journal of Consulting and Clinical Psychology*, *57*, 309 – 310.

Beck, A. T., Kovacs, M., & Weissman, A. (1975). Hopelessness and suicidal behavior. *Journal of the American Medical Association*, *234*, 1146 – 1149.

Beck, A. T., Rush, A. J., Shaw, B. F., & Emery, G. (1979). *Cognitive therapy of depression*. New York: Guilford Press.

Benneworth, O., Nowers, M., & Gunnell, D. (2007). Effects of barriers on the Clifton suspension bridge, England, on local patterns of suicide: Implications for prevention. *British Journal of Psychiatry*, *190*, 266 – 267.

Berman, A. L. (2009). School-based suicide prevention: Research advances and practice implications. *School Psychology Review*, *38*, 233 – 238.

Berman, A. L., Jobes, D. A., & Silverman, M. M. (2006). *Adolescent suicide: Assessment and intervention*. Washington, DC: American Psychological Association.

Berman, A. L., Litman, R. E., & Diller, J. (1989). *Equivocal death casebook*. Unpublished manuscript, American University, Washington, DC.

Berninger, V. W. (2006). Research-supported ideas for implementing reauthorized IDEA with intelligent professional psychological services. *Psychology in the Schools*, *43*, 781 – 796.

Bhatia, S. K., Rezac, A. J., Vitello, B., Sitorius, M. A., Buehler, B. A., & Kratochvil, C. J. (2008). Antidepressant prescribing practices for the treatment of children and adolescents. *Journal of Child and Adolescent Psychopharmacology*, *18*, 70 – 80.

Blachly, P. H., & Fairley, N. (1989). Market analysis for suicide prevention: Relationship of age to suicide on holidays, day of the week and month. *Northwest Medicine*, *68*, 232 – 238.

Blaustein, M., & Fleming, A. (2009). Suicide from the Golden Gate Bridge. *American Journal of Psychiatry*, *166*, 1111 – 1116.

Bond, L. A., & Carmola Hauf, A. (2004). Taking stock and putting stock in primary prevention: Characteristics of effective programs. *Journal of Primary Prevention*, *24*, 199 – 221.

Borowski, I. W., Ireland, M., & Resnick, M. D. (2001). Adolescent suicide attempts: Risks and protectors. *Pediatrics*, *107*, 485 – 493.

Bostwick, J. M. (2006). Do SSRIs cause suicide in children? The evidence is underwhelming. *Journal of Clinical Psychology*, *62*, 235 – 241.

Bradvik, L., & Berglund, M. (2003). A suicide peak after weekends and holidays in patients with alcohol dependence. *Suicide and Life-Threatening Behavior*, *33*, 186 – 191.

Brent, D. A. (1997). The aftercare of adolescents with deliberate self-harm. *Journal of Child Psychology and Psychiatry*, *38*, 277 – 286.

Brent, D. A., Johnson, S., Bartle, S., Bridge, J., Rather, C., Matta, J., et al. (1993). Personality disorder, tendency to impulsive violence, and suicidal behavior in adolescents. *Journal of the American Academy of Child and Adolescent Psychiatry*, *32*, 69 – 75.

Bridge, J. A., Goldstein, T. R., & Brent, D. A. (2006). Adolescent suicide and suicidal behavior. *Journal of Psychology and Psychiatry*, *47*, 372 – 394.

Brock, S. E. (2002). School suicide postvention. In S. E. Brock, P. J. Lazarus, & S. R. Jimerson (Eds.), *Best practices in school crisis prevention and intervention* (pp. 211 – 223). Bethesda, MD: National Association of School Psychologists.

Brock, S. E., Sandoval, J., & Hart, S. (2006). Suicidal ideation and behaviors. In G. G. Bear & K. M. Minke (Eds.), *Children's needs III: Development, prevention, and intervention* (pp. 225 – 238). Bethesda,

MD: National Association of School Psychologists.

Brown, J. H. (2001). Youth, drugs, and resilience education. *Journal of Drug Education*, *31*, 83 - 122.

Brunstein Klomek, A., Marrocco, F., Kleinman, M., Schonfield, I. S., & Gould, M. S. (2008). Peer victimization, depression, and suicidality in adolescents. *Suicide and Life-Threatening Behavior*, *38*, 166 - 180.

Burke, M. R. (2002). School-based substance abuse prevention: Political finger-pointing does not work. *Federal Probation*, *66*, 66 - 71.

Burns, M. K., & Gibbons, K. A. (2008). *Implementing response-to-intervention in elementary and secondary schools*. New York: Routledge.

Burrow-Sanchez, J. J., & Hawken, L. S. (2007). *Helping students overcome substance abuse: Effective practices for prevention and intervention*. New York: Guilford Press.

Callahan, C. (2008). *Dialectical behavior therapy: Children and adolescents*. Eau Claire, WI: Pesi.

Callahan, V. J., & Davis, M. S. (2009). A comparison of suicide note writers with suicides who did not leave notes. *Suicide and Life-Threatening Behavior*, *39*, 558 - 568.

Canetto, S. S., & Sakinofsky, I. (1998). The gender paradox in suicide. *Suicide and Life-Threatening Behavior*, *28*, 1 - 23.

Carlson, J. S. (2008). Best practices in assessing the effects of psychotropic medications on student performance. In A. Thomas & J. Grimes (Eds.), *Best practices in school psychology V* (pp. 1377 - 1388). Bethesda, MD: National Association of School Psychologists.

Carlton, P. A., & Deane, F. P. (2000). Impact of attitudes and suicidal ideation on adolescents' intentions to seek professional psychological help. *Journal of Adolescence*, *23*, 35 - 45.

Caron, J., Julien, M., & Huang, J. H. (2008). Changes in suicide methods in Quebec between 1987 and 2000: The possible impact of Bill C-17 requiring safe storage of firearms. *Suicide and Life-Threatening Behavior*, *38*, 195 - 208.

Centers for Disease Control and Prevention. (2006). Suicide prevention scientific information: Consequences. Retrieved March 27, 2008.

Centers for Disease Control and Prevention. (2007). Suicide trends among youths and young adults aged 10 – 24 years—United States—1990 – 2004. *Morbidity and Mortality Weekly Review*, *56*, 905 – 908.

Ciffone, J. (1993). Suicide prevention: A classroom presentation to adolescents. *Social Work*, *38*, 196 – 203.

Ciffone, J. (2007). Suicide prevention: An analysis and replication of a curriculum-based high school program. *Social Work*, *52*, 43.

Cigularov, K., Chen, P. Y., Thurber, B. W., & Stallones, L. (2008). What prevents adolescents from seeking help after a suicide education program? *Suicide and Life-Threatening Behavior*, *38*, 74 – 86.

Colt, G. H. (2006). *November of the soul: The enigma of suicide*. New York: Scribner.

Consensus Statement on Youth Suicide by Firearms. (1998). *Archives of Suicide Research*, *4*, 89 – 94.

Corales v. Bennett, 567 F.2d 554 (9th Cir. 2009).

Cornell, D., & Williams, F. (2006). Student threat assessment as a strategy to reduce school violence. In S. R. Jimerson & M. J. Furlong (Eds.), *Handbook of school violence and school safety: From research to practice* (pp. 587 – 601). Mahwah, NJ: Erlbaum.

Crossan, J. D. (1994). *Jesus: A revolutionary biography*. New York: HarperCollins.

Cullen, D. (2009). *Columbine*. New York: Twelve.

Daniel, S. S., Walsh, A. K., Goldston, D. B., Arnold, E. M., Reboussin, B. A., & Wood, F. B. (2006). Suicidality, school dropout, and reading problems among adolescents. *Journal of Learning Disabilities*, *39*, 507 – 514.

Darius-Anderson, K., & Miller, D. N. (2010). *School-based suicide prevention: Roles, functions, and level of involvement of school psychologists*. Unpublished manuscript.

Davis, J. M., & Sandoval, J. (1991). *Suicidal youth: School-based intervention and prevention*. San Francisco: Jossey-Bass.

Deane, F. P., Wilson, C. J., & Ciarrochi, J. (2001). Suicidal ideation and help negation: Not just hopelessness or prior help. *Journal of Clinical Psychology*, *57*, 901 – 914.

Debski, J., Spadafore, C. D., Jacob, S., Poole, D. A., & Hixson, M. D. (2007). Suicide intervention: Training, roles, and knowledge of school psychologists. *Psychology in the Schools*, *44*, 157 – 170.

De Leo, D., Dwyer, J., Firman, D., & Nellinger, K. (2003). Trends in hanging and firearm suicide rates in Australia: Substitution of method? *Suicide and Life-Threatening Behavior*, *33*, 151 – 164.

Delizonna, L., Alan, I., & Steiner, H. (2006). A case example of a school shooting: Lessons learned in the wake of tragedy. In S. R. Jimerson & M. J. Furlong (Eds.), *Handbook of school violence and school safety: Research to practice* (pp. 617 – 629). Mahwah, NJ: Erlbaum.

DeMello, A. (1998). *Walking on water*. New York: Crossroad.

Dimeff, L., & Linehan, M. M. (2001). Dialectical behavior therapy in a nutshell. *The California Psychologist*, *34*, 10 – 13.

Doll, B., & Cummings, J. A. (Eds.). (2008a). *Transforming school mental health services: Population-based approaches to promoting the competency and wellness of children*. Thousand Oaks, CA: Corwin Press.

Doll, B., & Cummings, J. A. (2008b). Why population-based services are essential for school mental health, and how to make them happen in your school. In B. Doll & J. A. Cummings (Eds.), *Transforming school mental health services: Population-based approaches to promoting the competency and wellness of children* (pp. 1 – 20). Thousand Oaks, CA: Corwin Press.

Domitrovich, C. E., Bradshaw, C. P., Greenberg, M. T., Embry, D., Poduska, J. M., & Ialongo, N. S. (2010). Integrated models of school-based prevention: Logic and theory. *Psychology in the Schools*, *47*, 71 – 88.

D'Onofrio, A. A. (2007). *Adolescent self injury: A comprehensive guide for counselors and health care professionals*. New York: Springer.

DuPaul, G. J., & Carlson, J. S. (2005). Child psychopharmacology: How school psychologists can contribute to effective outcomes. *School Psychology Quarterly*, *20*, 206 – 221.

Durkheim, E. (1897). *Le suicide: Etude de socologie*. Paris: F. Alcan.

Durlak, J. A. (2009). Prevention programs. In T. B. Gutkin & C. R. Reynolds (Eds.), *The handbook of school psychology*, 4th ed. (pp. 905 – 920). New York: Wiley.

Eckert, T. L., Miller, D. N., DuPaul, G. J., & Riley-Tillman, T. C. (2003). Adolescent suicide prevention: School psychologists' acceptability of school based programs. *School Psychology Review*, *32*, 57 – 76.

Eckert, T. L., Miller, D. N., Riley-Tillman, T. C., & DuPaul, G. J. (2006). Adolescent suicide prevention: Gender differences in students' perceptions of the acceptability and intrusiveness of school-based screening programs. *Journal of School Psychology*, *44*, 271 – 285.

Egan, M. P. (1997). Contracting for safety: A concept analysis. *Crisis*, *18*, 17 – 23.

Eggert, L. L., Thompson, E. A., Herring, J. R., & Nicholas, L. J. (1995). Reducing suicide potential among high-risk youth: Tests of school-based prevention program. *Suicide and Life-Threatening Behavior*, *25*, 276 – 296.

Eisel v. Board of Education of Montgomery County, 597 A.2d 447 (Md. 1991).

Emery, P. E. (1983). Adolescent depression and suicide. *Adolescence*, *18*, 245 – 258.

Feigelman, W., & Gorman, B. S. (2008). Assessing the effects of peer suicide on youth suicide. *Suicide and Life-Threatening Behavior*, *38*, 181 – 194.

Fein, R., Vossekuil, B., Pollack, W., Borum, R., Modzeleski, W., & Reddy, M. (2002). *Threat assessment in schools: A guide to managing threatening situations and to create safe school climates*. Washington,

DC: U.S. Secret Service and Department of Education.

Fleischmann, A., Bertolote, J. M., Belfer, M., & Beautrais, A. (2005). Completed suicide and psychiatric diagnoses in young people: A critical examination of the evidence. *American Journal of Orthopsychiatry*, *75*, 676 - 683.

Fleischmann, A., Bertolote, J. M., Wasserman, D., DeLeo, D., Bolhari, J., Botega, N. J., et al. (2008). Effectiveness of brief intervention and contact for suicide attempters: A randomized controlled trail in five countries. *Bulletin of the World Health Organization*, *86*, 703 - 709.

Flora, S. R. (2000). Praise's magic ratio: Five to one gets the job done. *Behavior Analyst Today*, *1*, 64 - 69.

Fossey, R., & Zirkel, P. A. (2004). Liability for a student suicide in the wake of *Eisel*. *Texas Wesleyan Law Review*, *10*, 403 - 439.

Freedenthal, S. (2007). Racial disparities in mental health service use by adolescents who thought about or attempted suicide. *Suicide and Life-Threatening Behavior*, *37*, 22 - 34.

Friend, T. (2003, October 13). Letters from California—Jumpers: The fatal grandeur of the Golden Gate Bridge. *The New Yorker*, 48 - 59.

Furlong, M. J., Morrison, G. M., & Jimerson, S. R. (2004). Externalizing behaviors of aggression and violence and the school context. In R. B. Rutherford, Jr., M. M. Quinn, & S. R. Mathur (Eds.), *Handbook of research in emotional and behavioral disorders* (pp. 243 - 261). New York: Guilford Press.

Garfinkel, B. D., Froese, A., & Hood, J. (1982). Suicide attempts in children and adolescents. *American Journal of Psychiatry*, *139*, 1257 - 1261.

Garland, A. F., Shaffer, D., & Whittle, B. A. (1989). A national survey of school-based adolescent suicide prevention programs. *Journal of the American Academy of Child and Adolescent Psychiatry*, *28*, 931 - 934.

Garland, A. F., & Zigler, E. (1993). Adolescent suicide prevention: Current research and social policy implications. *American Psychologist*, *48*, 169–182.

Gibbons, R. D., Brown, C. H., Hur, K., Marcus, S. M., Bhaumik, D. K., Erkens, J. A., et al. (2007). Early evidence on the effects of regulators' suicidality warnings on SSRI prescriptions and suicide in children and adolescents. *American Journal of Psychiatry*, *164*, 1356–1363.

Gillham, J. E., Brunwasser, S. M., & Freres, D. R. (2008). Preventing depression in early adolescence: The Penn resiliency program. In J. R. Z. Abela & B. L. Hankin (Eds.), *Handbook of depression in children and adolescents* (pp. 309–332). New York: Guilford Press.

Gilman, R., Meyers, J., & Perez, L. (2004). Structured extracurricular activities among adolescents: Findings and implications for school psychologists. *Psychology in the Schools*, *41*, 31–41.

Gimpel Peacock, G., Ervin, R. A., Daly, E. J., & Merrell, K. W. (Eds.). (2010). *Practical handbook of school psychology: Effective practices for the 21st century*. New York: Guilford Press.

Goin, M. (2003). The "suicide prevention contract": Dangerous myth. *Psychiatric News*, *18*, 3.

Goldney, R. D., & Fisher, L. J. (2008). Have broad-based community and professional education programs influenced mental health literacy and treatment seeking for those with major depression and suicidal ideation? *Suicide and Life-Threatening Behavior*, *38*, 129–139.

Goldsmith, S. K., Pellmar, T. C., Kleinman, A. M., & Bunney, W. E. (2002). *Reducing suicide: A national imperative*. Washington, DC: National Academy Press.

Goldston, D. B. (2003). *Measuring suicidal behavior and risk in children and adolescents*. Washington, DC: National Academy Press.

Goldston, D. B., Davis Molock, S., Whitbeck, L. B., Murakami, J. L., Zayas, L. H., & Nagayama Hall, G. C. (2008). Cultural considerations in adolescent suicide prevention and psychosocial treatment. *American Psychologist*, *63*, 14–31.

Goodenow, C. (1993). The psychological sense of school membership among adolescents: Scale development and educational correlates. *Psychology in the Schools*, *30*, 79 - 90.

Gould, M. S., Greenberg, T., Munfakh, J. L., Kleinman, M., & Lubell, K. (2006). Teenagers' attitudes about seeking help from telephone crisis services (hotlines). *Suicide and Life-Threatening Behavior*, *36*, 601 - 613.

Gould, M. S., Kalafat, J., Munfakh, J. L., & Kleinman, M. (2007). An evaluation of crisis hotline outcomes part 2: Suicidal callers. *Suicide and Life-Threatening Behavior*, *37*, 338 - 352.

Gould, M. S., & Kramer, R. A. (2001). Youth suicide prevention. *Suicide and Life-Threatening Behavior*, *31* (Suppl.), 6 - 31.

Gould, M. S., Marrocco, F. A., Kleinman, M., Thomas, J. G., Mostkoff, K., Cote, J., & Davies, M. (2005). Evaluating iatrogenic risk of youth suicide screening programs: A randomized control trial. *Journal of the American Medical Association*, *293*, 1635 - 1643.

Gould, M. S., Munfakh, J. L. H., Lubell, K., Kleinman, M., & Parker, S. (2002). Seeking help from the internet during adolescence. *Journal of the American Academy of Child and Adolescent Psychiatry*, *41*, 1182 - 1189.

Gould, M. S., Velting, D., Kleinman, M., Lucas, C., Thomas, J. G., & Chung, M. (2004). Teenagers' attitudes about coping strategies and help-seeking behavior for suicidality. *Journal of the American Academy of Child and Adolescent Psychiatry*, *43*, 1124 - 1133.

Grant v. Board of Trustees of Valley View School District, 676 N. E.2d 705 (Ill. App. Ct. 1997).

Gratz, K. L. (2003). Risk factors for and functions of deliberate self-harm: An empirical and conceptual review. *Clinical Psychology: Science and Practice*, *10*, 192 - 205.

Gray, C. E. (2007). The university-student relationship amidst increasing rates of student suicide. *Law and Psychology Law Review*, *31*, 137 - 153.

Greco, L. A., & Hayes, S. C. (Eds.). (2008). *Acceptance and mindfulness treatments for children and adolescents: A practitioner's guide*. Oakland, CA: New Harbinger.

Greening, L., Stoppelbein, L., Fite, P., Dhossche, D., Erath, S., Brown, J., et al. (2007). Pathways to suicidal behaviors in childhood. *Suicide and Life-Threatening Behavior*, *38*, 35 – 45.

Griffiths, A. J., Sharkey, J. D., & Furlong, M. J. (2009). Student engagement and positive school adaptation. In R. Gilman, E. S. Huebner, & M. J. Furlong (Eds.), *Handbook of positive psychology in schools* (pp. 197 – 211). New York: Routledge.

Groholt, B., & Ekeberg, O. (2009). Prognosis after adolescent suicide attempt: Mental health, psychiatric treatment, and suicide attempts in a nine-year follow-up study. *Suicide and Life-Threatening Behavior*, *39*, 125 – 136.

Grossman, A. H., & D'Augelli, A. R. (2007). Transgender youth and life-threatening behaviors. *Suicide and Life-Threatening Behavior*, *37*, 527 – 537.

Grossman, D. (1995). *On killing: The psychological cost of learning to kill in war and society*. Boston: Back Bay Books.

Guerasko-Moore, D. P., DuPaul, G. J., & Power, T. J. (2005). Stimulant treatment for attention-deficit/hyperactivity disorder: Medication monitoring practices of school psychologists. *School Psychology Review*, *34*, 232 – 245.

Gutierrez, P. M., & Osman, A. (2008). *Adolescent suicide: An integrated approach to the assessment of risk and protective factors*. DeKalb: Northern Illinois University Press.

Gutierrez, P. M., & Osman, A. (2009). Getting the best return on your screening investment: Maximizing sensitivity and specificity of the Suicidal Ideation Questionnaire and Reynolds Adolescent Depression Scale. *School Psychology Review*, *38*, 200 – 217.

Gutierrez, P. M., Watkins, R., & Collura, D. (2004). Suicide risk screening in an urban high school. *Suicide and Life-Threatening Behavior*, *34*, 421 – 428.

Hammad, T. A., Laughren, T., & Racoosin, J. (2006). Suicidality in pediatric patients treated with antidepressant drugs. *Archives of General Psychology*, *63*, 332 – 339.

Hawton, K. (2002). United Kingdom legislation on pack sizes of analgesics: Background, rationale, and effects on suicide and deliberate self-harm. *Suicide and Life-Threatening Behavior*, *32*, 223 – 229.

Hawton, K., & Williams, K. (2001). The connection between media and suicidal behavior warrants serious attention. *Crisis: The Journal of Crisis Intervention and Suicide Prevention*, *22*, 137 – 140.

Hayes, S. C., Follette, V. M., & Linehan, M. M. (Eds.). (2004). *Mindfulness and acceptance: Expanding the cognitive-behavioral tradition*. New York: Guilford Press.

Hayes, S. C., Strosahl, K. D., & Wilson, K. G. (1999). *Acceptance and commitment therapy: An experiential approach to behavior change*. New York: Guilford Press.

Hendin, H. (1987). Youth suicide: A psychosocial perspective. *Suicide and Life-Threatening Behavior*, *17*, 151 – 165.

Hendin, H. (1991). Psychodynamics of suicide, with particular reference to the young. *American Journal of Psychiatry*, *148*, 1150 – 1158.

Hendin, H., Brent, D. A., Cornelius, J. R., Coyne-Beasley, T., Greenberg, T., Gould, M., et al. (2005). Youth suicide. In D. I. Evans, E. B. Foa, R. E. Gur, H. Hendin, C. P. O'Brien, M. E. P. Seligman, & B. T. Walsh (Eds.), *Treating and preventing adolescent mental health disorders: What we know and what we don't know* (pp. 430 – 493). New York: Oxford University Press.

Higgins, E. T. (2004). Making a theory useful: Lessons handed down. *Personality and Social Psychology Review*, *8*, 138 – 145.

Hoagwood, K., & Johnson, J. (2003). School psychology: A public health framework I. From evidence-based practices to evidence-based policies. *Journal of School Psychology*, *41*, 3 – 21.

Hoberman, H. M., & Garfinkel, B. D. (1988). Completed suicide in youth.

Canadian Journal of Psychiatry, *33*, 494 – 502.

Holinger, P. C., Offer, D., Barter, J. T., & Bell, C. C. (1994). *Suicide and homicide among adolescents*. New York: Guilford Press.

Horn, W. F., & Tynan, D. (2001). Time to make special education "special" again. In C. E. Finn, A. Rotherham, & C. R. Hokanson (Eds.), *Rethinking special education for a new century*. Washington, DC: Thomas B. Fordham Foundation and the Progressive Policy Institute.

Horner, R. H., Sugai, G., Todd, A. W., & Lewis-Palmer, T. (2005). School-wide positive behavior support. In L. Bambara & L. Kern (Eds.), *Individualized supports for students with problem behaviors: Designing positive behavior support plans* (pp. 359 – 390). New York: Guilford Press.

Hunt, T. (2006). *Cliffs of despair: A journey to the edge*. New York: Random House.

Institute of Public Health. (1988). *The future of public health*, Washington, DC: National Academy Press.

Jacob, S. (2009). Putting it all together: Implications for school psychology. *School Psychology Review*, *38*, 239 – 243.

Jacob, S., & Hartshorne, T. S. (2007). *Ethics and law for school psychologists*, 5th ed.. Hoboken, NJ: Wiley.

Jacobson, C. M., & Gould, M. (2007). The epidemiology and phenomenology of non-suicidal self-injurious behavior among adolescents: A critical review of the literature. *Archives of Suicide Research*, *11*, 129 – 147.

Jamison, K. R. (1999). *Night falls fast: Understanding suicide*. New York: Knopf.

Jensen, P. (2002a). Closing the evidence-based treatment gap for children's mental health services: What we know versus what we do. *Report on Emotional and Behavioral Disorders in Youth*, *2*, 43 – 47.

Jensen, P. (2002b). Nature versus nurture and other misleading dichotomies: Conceptualizing mental health and illness in children. *Report on*

Emotional and Behavioral Disorders in Youth, *2*, 81 – 86.

Jenson, W. R., Olympia, D., Farley, M., & Clark, E. (2004). Positive psychology and externalizing students in a sea of negativity. *Psychology in the Schools*, *41*, 67 – 79.

Jimerson, S. R., Reschly, A. L., & Hess, R. S. (2008). Best practices in increasing the likelihood of high school completion. In A. Thomas & J. Grimes (Eds.), *Best practices in school psychology V* (pp. 1085 – 1097). Bethesda, MD: National Association of School Psychologists.

Jobes, D. A. (2003). Manual for the collaborative assessment and management of suicidality—revised (CAMS-R). Unpublished manuscript.

Jobes, D. A. (2006). *Managing suicidal risk: A collaborative approach*. New York: Guilford Press.

Joe, S., Canetto, S. S., & Romer, D. (2008). Advancing prevention research on the role of culture in suicide prevention. *Suicide and Life-Threatening Behavior*, *38*, 354 – 362.

Joiner, T. E. (2005). *Why people die by suicide*. Cambridge, MA: Harvard University Press.

Joiner, T. E. (2009). Suicide prevention in schools as viewed through the interpersonal-psychological theory of suicidal behavior. *School Psychology Review*, *38*, 244 – 248.

Joiner, T. E. (2010). *Myths about suicide*. Cambridge, MA: Harvard University Press.

Joiner, T. E., Conwell, Y., Fitzpatrick, K. K., Witte, T. K., Schmidt, N. B., Berlim, M. T., et al. (2005). Four studies on how past and current suicidality relate even when "everything but the kitchen sink" is covaried. *Journal of Abnormal Psychology*, *114*, 291 – 303.

Joiner, T., Kalafat, J., Draper, J., Stokes, H., Knudson, M., Berman, A. L., & McKeon, R. (2007). Establishing standards for the assessment of suicide risk among callers to the National Suicide Prevention Lifeline. *Suicide and Life-Threatening Behavior*, *37*, 353 – 365.

Joiner, T., Sachs-Ericsson, N., Wingate, L., Brown, J., Anestis, M., &

Selby, E. (2006). Childhood physical and sexual abuse and lifetime number of suicide attempts: A persistent and theoretically important relationship. *Behaviour Research & Therapy*, *45*, 539 – 547.

Joiner, T. E., Van Orden, K. A., Witte, T. K., & Rudd, M. D. (2009). *The interpersonal theory of suicide: Guidance for working with suicidal clients*. Washington, DC: American Psychological Association.

Joiner, T. E., Walker, R. L., Rudd, M. D., & Jobes, D. A. (1999). Scientizing and routinizing the assessment of suicidality in outpatient practice. *Professional Psychology: Research and Practice*, *30*, 447 – 453.

Kabat-Zinn, J. (1990). *Full catastrophe living*. New York: Dell.

Kabat-Zinn, J. (1994). *Wherever you go, there you are: Mindfulness meditation in everyday life*. New York: Hyperion.

Kalafat, J. (2003). School approaches to youth suicide prevention. *American Behavioral Scientist*, *46*, 1211 – 1223.

Kalafat, J., & Elias, M. (1994). An evaluation of a school-based suicide awareness intervention. *Suicide and Life-Threatening Behavior*, *24*, 224 – 233.

Kalafat, J., Gould, M., Munfakh, J. L., & Kleinman, M. (2007). An evaluation of crisis hotline outcomes part 1: Nonsuicidal crisis callers. *Suicide and Life-Threatening Behavior*, *37*, 322 – 337.

Kalafat, J., & Lazarus, P. J. (2002). Suicide prevention in schools. In S. E. Brock, P. J. Lazarus, & S. R. Jimerson (Eds.), *Best practices in crisis prevention and intervention* (pp. 211 – 223). Bethesda, MD: National Association of School Psychologists.

Kashani, J. H., Goddard, P., & Reid, J. C. (1989). Correlates of suicidal ideation in a community sample of children and adolescents. *Journal of the American Academy of Child and Adolescent Psychiatry*, *28*, 912 – 917.

Kazdin, A. E. (2005). *Parent management training: Treatment for oppositional, aggressive, and antisocial behavior in children and adolescents*. New York: Oxford University Press.

Killen v. Independent School District No. 706, 547 N. W.2d 113 (Minn. Ct. App. 1996).

King, C. A. (1997). Suicidal behavior in adolescence. In R. W. Maris, M. M. Silverman, & S. S. Canettto (Eds.), *Review of suicidology* (pp. 61 - 95). New York: Guilford Press.

King, R., Nurcombe, R., Bickman, L., Hides, L., & Reid, W. (2003). Telephone counseling for adolescent suicide prevention: Changes in suicidality and mental state from beginning to end of a counseling session. *Suicide and Life-Threatening Behavior*, *33*, 400 - 411.

King, R. A., & Apter, A. (Eds.). (2003). *Suicide in children and adolescents*. New York: Cambridge University Press.

Kingsbury, S. J. (1993). Clinical components of suicidal intent in adolescent overdoses. *Journal of the American Academy of Child and Adolescent Psychiatry*, *32*, 518 - 520.

Kleck, G. (1988). Miscounting suicides. *Suicide and Life-Threatening Behavior*, *18*, 219 - 236.

Kleck, G., & Delone, M. A. (1993). Victim resistance and offender weapon effects in robbery. *Journal of Quantitative Criminology*, *9*, 55 - 81.

Klingman, A., & Hochdorf, Z. (1993). Coping with distress and self-harm: The impact of a primary prevention program among adolescents. *Journal of Adolescence*, *16*, 121 - 140.

Klonsky, E. D., & Muehlenkamp, J. J. (2007). Self injury: A research review for the practitioner. *Journal of Clinical Psychology: In Session*, *63*, 1045 - 1056.

Knipfel, J. (2000). *Quitting the Nairobi trio*. New York: Penguin Putnam.

Knitzer, J., Steinberg, Z., & Fleisch, B. (1991). Schools, children's mental health, and the advocacy challenge. *Journal of Clinical Child Psychology*, *20*, 102 - 111.

Knox, K. L., Conwell, Y., & Caine, E. D. (2004). If suicide is a public health problem, what are we doing to prevent it? *American Journal of*

Public Health, *94*, 37 – 45.

Kohlenberg, R. J., & Tsai, M. (1991). *Functional analytic psychotherapy: Creating intense and curative therapeutic relationships.* New York: Plenum Press.

Kratochvil, C. J., Vitiello, B., Walkup, J., Emslie, G., Waslick, B., Weller, E. B., Burke, W. J., & March, J. S. (2006). Selective serotonin reuptake inhibitors in pediatric depression: Is the balance between benefits and risks favorable? *Journal of Child and Adolescent Psychopharmacology*, *16*, 11 – 24.

Kratochwill, T. R., Albers, C. A., & Shernoff, E. (2004). School-based interventions. *Child and Adolescent Psychiatric Clinics of North America*, *13*, 895 – 903.

Kratochwill, T. R., & Stoiber, K. C. (2002). Evidence-based interventions in school psychology. Conceptual foundations of the Procedural and Coding Manual of Division 16 and the Society for the Study of School Psychology. *School Psychology Quarterly*, *17*, 341 – 389.

Kreitman, N., & Platt, S. (1984). Suicide, unemployment, and domestic gas detoxification in Britain. *Journal of Epidemiology and Community Health*, *38*, 1 – 6.

LaFromboise, T., & Howard-Pitney, B. (1995). The Zuni life skills development curriculum: Description and evaluation of a suicide prevention program. *Journal of Counseling Psychology*, *45*, 479 – 486.

Laye-Gindhu, A., & Schonert-Reichl, K. A. (2005). Non-suicidal self-harm among community adolescents: Understanding the "whats" and "whys" of self-harm. *Journal of Youth and Adolescence*, *34*, 447 – 456.

Leenars, A., Wenckstern, S., Appleby, M., Fiske, H., Grad, O., Kalafat, J., Smith, J., & Takahashi, Y. (2001). Current issues in dealing with suicide prevention in schools: Perspectives from some countries. *Journal of Educational and Psychological Consultation*, *12*, 365 – 384.

Lester, D. (1979). Temporal variation in suicide and homicide. *American Journal of Epidemiology*, *109*, 517 – 520.

Lester, D. (1988). One theory of teen-age suicide. *Journal of School Health*, *58*, 193–194.

Lewin, K. (1951). *Field theory in social science: Selected theoretical papers*. New York: Harper & Row.

Lewinsohn, P. M., Rohde, P., Seeley, J. R., & Baldwin, C. L. (2001). Gender differences in suicide attempts from adolescence to young adulthood. *Journal of the American Academy of Child and Adolescent Psychiatry*, *40*, 427–434.

Lewis, L. M. (2007). No-harm contracts: A review of what we know. *Suicide and Life-Threatening Behavior*, *37*, 50–57.

Libby, A. M., Brent, D. A., Morrato, E. J., Orton, H. D., Allen, R., & Valuck, R. J. (2007). Decline in treatment of pediatric depression after FDA advisory on risk of suicidality with SSRIs. *American Journal of Psychiatry*, *164*, 884–891.

Lieberman, R., & Poland, S. (2006). Self-mutilation. In G. G. Bear & K. M. Minke (Eds.), *Children's needs III: Development, prevention, and intervention* (pp. 965–976). Bethesda, MD: National Association of School Psychologists.

Lieberman, R., Poland, S., & Cassel, R. (2008). Best practices in suicide intervention. In A. Thomas & J. Grimes (Eds.), *Best practices in school psychology V* (pp. 1457–1472). Bethesda, MD: National Association of School Psychologists.

Lieberman, R. A., Toste, J. R., & Heath, N. L. (2009). Nonsuicidal self-injury in the schools: Prevention and intervention. In M. K. Nixon & N. L. Heath (Eds.), *Self-injury in youth: The essential guide to assessment and intervention* (pp. 195–215). New York: Routledge.

Linehan, M. M. (1993). *Cognitive-behavioral treatment of borderline personality disorder*. New York: Guilford Press.

Linn-Gust, M. (2010). *Rocky roads: The journeys of families through suicide grief*. Albuquerque, NM: Chellehead Works.

Livingston, G. (2004). *Too soon old, too late smart: Thirty true things you need to know now*. New York: Marlow & Company.

Lloyd-Richardson, E. E., Perrine, N., Dierker, L., & Kelley, M. L. (2007). Characteristics and functions of non-suicidal self-injury in a community sample of adolescents. *Psychological Medicine*, *37*, 1183 – 1192.

Lofthouse, N., Muehlenkamp, J. J., & Adler, R. (2009). Non-suicidal self-injury and co-occurrence. In M. K. Nixon & N. L. Heath (Eds.), *Self-injury in youth: The essential guide to assessment and intervention* (pp. 59 – 78). New York: Routledge.

Lopez, S. J., Rose, S., Robinson, C., Marques, S. C., & Pais-Ribeiro, J. (2009). Measuring and promoting hope in schoolchildren. In R. Gilman, E. S. Huebner, & M. J. Furlong (Eds.), *Handbook of positive psychology in schools* (pp. 37 – 50). New York: Routledge.

Lubell, K. M., & Vetter, J. B. (2006). Suicide and youth violence prevention: The promise of an integrated approach. *Aggression and Violent Behavior*, *11*, 167 – 175.

Luoma, J. B., Martin, C. E., & Pearson, J. L. (2002). Contact with mental health and primary care providers before suicide: A review of the evidence. *The American Journal of Psychiatry*, *159*, 909 – 916.

Maag, J. W. (2001). Rewarded by punishment: Reflections on the disuse of positive reinforcement in schools. *Exceptional Children*, *67*, 173 – 186.

Mandrusiak, M., Rudd, M. D., Joiner, T. E., Berman, A. L., Van Orden, K. A., & Witte, T. K. (2006). Warning signs for suicide on the Internet: A descriptive study. *Suicide and Life-Threatening Behavior*, *36*, 263 – 271.

Mann, J. J. (1998). The neurobiology of suicide. *Nature Medicine*, *4*, 25 – 30.

Mann, J. J., Apter, A., Bertolote, J., Beautrais, A., Currier, D., Haas, A., et al. (2005). Suicide prevention strategies: A systematic review. *Journal of the American Medical Association*, *294*, 2064 – 2074.

Maris, R. W., Berman, A. L., & Silverman, M. M. (2000). *Comprehensive textbook of suicidology*. New York: Guilford Press.

Martin, G., Richardson, A. S., Bergen, H. A., Roeger, L., & Allison, S. (2005). Perceived academic performance, self-esteem and locus of control as indicators of need for assessment of adolescent suicide risk: Implications for teachers. *Journal of Adolescence*, *28*, 75 – 87.

Martin, N. K., & Dixon, P. N. (1986). Adolescent suicide: Myths, recognition, and evaluation. *The School Counselor*, *33*, 265 – 271.

Martinez, R. S., & Nellis, L. M. (2008). Response to intervention: A school-wide approach for promoting academic success for all students. In B. Doll & J. A. Cummings (Eds.), *Transforming school mental health services: Population-based approaches to promoting the competency and wellness of children* (pp. 143 – 164). Thousand Oaks, CA: Corwin Press.

Mazza, J. J. (1997). School-based suicide prevention programs: Are they effective? *School Psychology Review*, *26*, 382 – 396.

Mazza, J. J. (2000). The relationship between posttraumatic stress symptomatology and suicidal behavior in school-based adolescents. *Suicide and Life-Threatening Behavior*, *30*, 91 – 103.

Mazza, J. J. (2006). Youth suicidal behavior: A crisis in need of attention. In F. A. Villarruel & T. Luster (Eds.), *Adolescent mental health* (pp. 156 – 177). Westport, CT: Greenwood Publishing Group.

Mazza, J. J., & Eggert, L. L. (2001). Activity involvement among suicidal and nonsuicidal high-risk and typical adolescents. *Suicide and Life-Threatening Behavior*, *31*, 265 – 281.

Mazza, J. J., & Reynolds, W. M. (2001). An investigation of psychopathology in nonreferred suicidal and nonsuicidal adolescents. *Suicide and Life-Threatening Behavior*, *31*, 282 – 302.

Mazza, J. J., & Reynolds, W. M. (2008). School-wide approaches to prevention of and treatment for depression and suicidal behaviors. In B. Doll & J. A. Cummings (Eds.), *Transforming school mental health services* (pp. 213 – 241). Thousand Oaks, CA: Corwin.

McConaughy, S. H. (2005). *Clinical interviews for children and adolescents: Assessment to intervention.* New York: Guilford Press.

McCurdy, B. L., Mannella, M. C., & Eldridge, N. (2003). Positive behavior support in urban schools: Can we prevent the escalation of antisocial behavior? *Journal of Positive Behavioral Interventions, 5,* 158 – 170.

McMahon v. St. Croix Falls School District, 596 N. W. 2d 875 (Wis. Ct. App. 1999).

Menninger, K. (1933). Psychoanalytic aspects of suicide. *International Journal of Psychoanalysis, 14,* 376 – 390.

Menninger, K. (1938). *Man against himself.* New York: Harcourt Brace.

Merrell, K. W. (2008a). *Behavioral, social, and emotional assessment of children and adolescents (third edition).* Mahwah, NJ: Erlbaum.

Merrell, K. W. (2008b). *Helping students overcome depression and anxiety: A practical guide (2nd ed.).* New York: Guilford Press.

Merrell, K. W., & Buchanan, R. (2006). Intervention selection in school-based practice: Using public health models to enhance systems capacity of schools. *School Psychology Review, 35,* 167 – 180.

Merrell, K. W., Ervin, R. A., & Gimpel, G. A. (2006). *School psychology for the 21st century: Foundations and practices.* New York: Guilford Press.

Merrell, K. W., Gueldner, B. A., & Tran, O. K. (2008). Social and emotional learning: A school-wide approach to intervention for socialization, friendship problems, and more. In B. Doll & J. A. Cummings (Eds), *Transforming school mental health services: Populations-based approaches to promoting the competency and wellness of children* (pp. 165 – 185). Thousand Oaks, CA: Corwin Press.

Middlebrook, D. L., LeMaster, P. L., Beals, J., Novins, D. K., & Manson, S. (2001). Suicide prevention in American Indian and Alaska Native communities: A critical review of programs. *Suicide and Life-*

Threatening Behavior, *31*(Suppl.), 132 - 149.

Mikell v. School Administrative Unit #33, 972 A.2d 1050 (N. H. 2009).

Miller, A. L., Rathus, J. H., & Linehan, M. M. (2007). *Dialectical behavior therapy with suicidal adolescents*, New York: Guilford Press.

Miller, D. N., & Brock, S. E. (2010). *Identifying, assessing, and treating self-injury at school*. New York: Springer.

Miller, D. N., & DuPaul, G. J. (1996). School-based prevention of adolescent suicide: Issues, obstacles, and recommendations for practice. *Journal of Emotional and Behavioral Disorders*, *4*, 221 - 230.

Miller, D. N., & Eckert, T. L. (2009). Youth suicidal behavior: An introduction and overview. *School Psychology Review*, *38*, 153 - 167.

Miller, D. N., Eckert, T. L., DuPaul, G. J., & White, G. P. (1999). Adolescent suicide prevention: Acceptability of school-based programs among secondary school principals. *Suicide and Life-Threatening Behavior*, *29*, 72 - 85.

Miller, D. N., Eckert, T. L., & Mazza, J. J. (2009). Suicide prevention programs in the schools: A review and public health perspective. *School Psychology Review*, *38*, 168 - 188.

Miller, D. N., George, M. P., & Fogt, J. B. (2005). Establishing and sustaining research-based practices at Centennial School: A descriptive case-study of systemic change. *Psychology in the Schools*, *42*, 553 - 567.

Miller, D. N., Gilman, R., & Martens, M. P. (2008). Wellness promotion in the schools: Enhancing students' mental and physical health. *Psychology in the Schools*, *45*, 5 - 15.

Miller, D. N., & Jome, L. M. (2008). School psychologists and the assessment of childhood internalizing disorders: Perceived knowledge, role preferences, and training needs. *School Psychology International*, *29*, 500 - 510.

Miller, D. N., & Jome, L. M. (in press). School psychologists and the secret illness: Perceived knowledge, role preferences, and training needs in the prevention and treatment of internalizing disorders. *School Psychology*

International.

Miller, D. N., & McConaughy, S. H. (2005). Assessing risk for suicide. In S. H. McConaughy (Ed.), *Clinical interviews for children and adolescents: Assessment to intervention* (pp. 184 – 199). New York: Guilford Press.

Miller, D. N., & Nickerson, A. B. (2006). Projective assessment and school psychology: Contemporary validity issues and implications for practice. *The California School Psychologist*, *11*, 73 – 84.

Miller, D. N., Nickerson, A. B., & Jimerson, S. R. (2009). Positive psychology and school-based interventions. In R. Gilman, E. S. Huebner, & M. Furlong (Eds.), *Handbook of positive psychology in schools* (pp. 293 – 304). New York: Routledge.

Miller, D. N., & Sawka-Miller, K. D. (2009). A school-based preferential option for the poor: Child poverty, social justice, and a public health approach to intervention. In J. K. Levine (Ed.), *Low incomes: Social, health, and educational impacts* (pp. 31 – 56). New York: Nova Science.

Miller, D. N., & Sawka-Miller, K. D. (in press). Beyond unproven trends: Critically evaluating school-wide programs. In T. M. Lionetti, E. Snyder, & R. W. Christner (Eds.), *A practical guide to developing competencies in school psychology*. New York: Springer.

Miller, M., Azrael, D., & Hemenway, D. (2006). Belief in the inevitability of suicide: Results of a national survey. *Suicide and Life-Threatening Behavior*, *36*, 1 – 11.

Miller, T. R., & Taylor, D. M. (2005). Adolescent suicidality: Who will ideate, who will act? *Suicide and Life-Threatening Behavior*, *35*, 425 – 435.

Minois, G. (1999). *History of suicide: Voluntary death in western culture*. Baltimore, MD: Johns Hopkins University Press.

Mishara, B. L., & Daigle, M. (2000). Helplines and crisis intervention services: Challenges for the future. In D. Lester (Ed.), *Suicide prevention: Resources for the millennium* (pp. 153 – 177). Philadelphia: Brunner-Routledge.

Moskos, M. A., Achilles, J., & Gray, D. (2004). Adolescent suicide myths in the United States. *Crisis*, *25*, 176 - 182.

Moskos, M., Olson, L., Halbern, S., Keller, T., & Gray, D. (2005). Utah youth suicide study: Psychological autopsy. *Suicide and Life-Threatening Behavior*, *35*, 536 - 546.

Motohashi, Y., Kaneko, Y., Sasaki, H., & Yamaji, M. (2007). A decrease in suicide rates in Japanese rural towns after community-based intervention by the health promotion approach. *Suicide and Life-Threatening Behavior*, *37*, 593 - 599.

Motto, J. A., & Bostrom, A. G. (2001). A randomized controlled trial of post-crisis suicide prevention. *Psychiatric Services*, *52*, 828 - 833.

Muehlenkamp, J. J., & Gutierrez, P. M. (2004). An investigation of differences between self-injurious behavior and suicide attempts in a sample of adolescents. *Suicide and Life-Threatening Behavior*, *34*, 12 - 23.

Muehlenkamp, J. J., & Gutierrez, P. M. (2007). Risk for suicide attempts among adolescents who engage in non-suicidal self-injury. *Archives of Suicide Research*, *11*, 69 - 82.

Mulvey, E. P., & Cauffman, E. (2001). The inherent limits of predicting school violence. *American Psychologist*, *56*, 797 - 802.

Nalepa v. Plymouth-Canton Community School District, 525 N. W. 2d 897 (Mich. Ct. App. 1994).

Nally v. Grace Community Church, 253 Cal. Rptr. 97 (1988).

Nastasi, B. K., Bernstein-Moore, R., & Varjas, K. M. (2004). *School-based mental health services: Creating comprehensive and culturally specific programs.* Washington, DC: American Psychological Association.

Nation, M., Crusto, C., Wandersman, A., Kumpfer, K. L., Seybolt, D., Morrissey-Kane, E., et al. (2003). What works in prevention: Principles of effective prevention programs. *American Psychologist*, *58*, 449 - 456.

National Institute of Justice. (2002). Preventing school shootings: A summary of a U. S. Secret Service safe school initiative report. *NIJ*

Journal, *248*, 10 – 15.

Nelson, C. M., Sprague, J. R., Jolivette, K., Smith, C. R., & Tobin, T. J. (2009). Positive behavior support in alternative education, community-based mental health, and juvenile justice settings. In W. Sailor, G. Dunlap, G. Sugai, & R. Horner (Eds.), *Handbook of positive behavior support* (pp. 465 – 496). New York: Springer.

Nelson, E. L. (1987). Evaluation of youth suicide prevention school program. *Adolescence*, *22*, 813 – 825.

Nickerson, A. B., & Slater, E. D. (2009). School and community violence and victimization as predictors of adolescent suicidal behavior. *School Psychology Review*, *38*, 218 – 232.

Nixon, M. K., & Heath, N. L. (Eds.). (2009). *Self-injury in youth: The essential guide to assessment and intervention*. New York: Routledge.

Nock, M. K., Joiner, T. E., Gordon, K. H., Lloyd-Richardson, E., & Prinstein, M. J. (2006). Non-suicidal self-injury among adolescents: Diagnostic correlates and relation to suicide attempts. *Psychiatry Research*, *144*, 65 – 72.

Nock, M. K., Teper, R., & Hollander, M. (2007). Psychological treatment of self-injury among adolescents. *Journal of Clinical Psychology: In Session*, *63*, 1081 – 1089.

Nordentoft, M., Qin, P., Helweg-Larsen, K., & Juel, K. (2007). Restrictions in means for suicide: An effective tool in preventing suicide: The Danish experience. *Suicide and Life-Threatening Behavior*, *37*, 688 – 697.

Nuland, S. B. (1993). *How we die: Reflections on life's final chapter*. New York: Vintage Books.

O'Brien, K. M., Larson, C. M., & Murrell, A. R. (2008). Third-wave behavior therapies for children and adolescents: Progress, challenges, and future directions. In L. A. Greco & S. C. Hayes (Eds.), *Acceptance and mindfulness treatments for children and adolescents: A practitioner's guide* (pp. 15 – 35). Oakland, CA: New Harbinger.

O'Carroll, P. W., & Silverman, M. M. (1994). Community suicide prevention: The effectiveness of bridge barriers. *Suicide and Life-Threatening Behavior*, *24*, 89-91.

Orbach, I., & Bar-Joseph, H. (1993). The impact of a suicide prevention program for adolescents on suicidal tendencies, hopelessness, ego identity, and coping. *Suicide and Life-Threatening Behavior*, *23*, 120-129.

O'Toole, M. E. (2000). *The school shooter: A threat assessment perspective*. Quantico, VA: National Center for the Analysis of Violent Crime, Federal Bureau of Investigation.

Overholser, J. C., Hemstreet, A. H., Spirito, A., & Vyse, S. (1989). Suicide awareness programs in the schools: Effects of gender and personal experience. *Journal of the American Academy of Child and Adolescent Psychiatry*, *28*, 925-930.

Overstreet, S., Dempsey, M., Graham, D., & Moely, B. (1999). Availability of family support as a moderator of exposure to community violence. *Journal of Clinical Child Psychology*, *28*, 151-159.

Peña, J. B., & Caine, E. D. (2006). Screening as an approach for adolescent suicide prevention. *Suicide and Life-Threatening Behavior*, *36*, 614-637.

Pfeffer, C. R. (1986). *The suicidal child*. New York: Guilford Press.

Pfeffer, C. R. (2003). Assessing suicidal behavior in children and adolescents. In R. A. King & A. Apter (Eds.), *Suicide in children and adolescents* (pp. 211-226). New York: Cambridge University Press.

Penney, D., & Stastny, P. (2008). *The lives they left behind: Suitcases from a state hospital attic*. New York: Bellevue Literary Press.

Phillips, D. P., & Feldman, K. (1973). A dip in deaths before ceremonial occasions. *American Sociological Review*, *38*, 678-696.

Pierson, E. E. (2009). Antidepressants and suicidal ideation in adolescence: A paradoxical effect. *Psychology in the Schools*, *46*, 910-914.

Pirkis, J., & Blood, R. W. (2001). Suicide and the media: Part II. Portrayal in fictional media. *Crisis: The Journal of Crisis Intervention and Suicide Prevention*, *22*, 155 - 162.

Pirkis, J., Blood, R. W., Beautrais, A., Burgess, P., & Skehan, J. (2007). Media guidelines on the reporting of suicide. *Crisis: The Journal of Crisis Intervention and Suicide Prevention*, *27*, 82 - 87.

Pokorny, A. (1992). Prediction of suicide in psychiatric patients: Report of a prospective study. In R. Maris, A. Berman, J. Maltsberger, & R. Yufit (Eds.), *Assessment and prediction of suicide* (pp. 105 - 129). New York: Guilford Press.

Poland, S. (1989). *Suicide intervention in the schools*. New York: Guilford Press.

Polsgrove, L., & Smith, S. W. (2004). Informed practice in teaching self-control to children with emotional and behavioral disorders. In R. B. Rutherford, M. M. Quinn, & S. R. Mathur (Eds.), *Handbook of research in emotional and behavioral disorders* (pp. 399 - 425). New York: Guilford Press.

Power, T. J. (2003). Promoting children's mental health: Reform through interdisciplinary and community partnerships. *School Psychology Review*, *32*, 3 - 16.

Power, T. J., DuPaul, G. J., Shapiro, E. S., & Kazak, A. E. (2003). *Promoting children's health: Integrating school, family, and community*. New York: Guilford Press.

Putnam, R., McCart, A., Griggs, P., & Choi, J. H. (2009). Implementation of schoolwide positive behavior support in urban settings. In W. Sailor, G. Dunlap, G. Sugai, & R. Horner (Eds.), *Handbook of positive behavior support* (pp. 443 - 463). New York: Springer.

Qin, P., Agerbo, E., & Mortenson, P. B. (2003). Suicide risk in relation to socioeconomic, demographic, psychiatric, and familial risk factors: A national register-based study of all suicides in Denmark, 1981 - 1997. *American Journal of Psychiatry*, *160*, 765 - 772.

Quinn, K. P., & Lee, V. (2007). The wraparound approach for students with emotional and behavioral disorders: Opportunities for school psychologists. *Psychology in the Schools*, 44, 101 - 111.

Randall, B. P., Eggert, L. L., & Pike, K. C. (2001). Immediate post intervention effects of two brief youth suicide prevention interventions. *Suicide and Life-Threatening Behavior*, 31, 41 - 61.

Reisch, T., & Michel, K. (2005). Securing a suicide hot spot: Effects of a safety net at the Bern Muenster Terrace. *Suicide and Life-Threatening Behavior*, 35, 460 - 467.

Reisch, T., Schuster, U., & Michel, K. (2007). Suicide by jumping and accessibility of bridges: Results from a national survey in Switzerland. *Suicide and Life-Threatening Behavior*, 37, 681 - 687.

Reynolds, W. M. (1988). *Suicide Ideation Questionnaire: Professional Manual*. Odessa, FL: Psychological Assessment Resources.

Reynolds, W. M. (1991). A school-based procedure for the identification of students at-risk for suicidal behavior. *Family and Community Health*, 14, 64 - 75.

Reynolds, W. M., & Mazza, J. J. (1993). Suicidal behavior in adolescents: Suicide attempts in school-based youngsters. Unpublished manuscript.

Reynolds, W. M., & Mazza, J. J. (1994). Suicide and suicidal behavior. In W. M. Reynolds & H. F. Johnston (Eds.), *Handbook of depression in children and adolescents* (pp. 520 - 580). New York: Plenum.

Rich, C. L., Young, J. G., Fowler, R. C., Wagner, J., & Black, N. A. (1990). Guns and suicide: Possible effects of some specific legislation. *American Journal of Psychiatry*, 147, 342 - 346.

Richardson, A. S., Bergen, H. A., Martin, G., Roeger, L., & Allison, S. (2005). Perceived academic performance as an indicator of risk of attempted suicide in young adolescents. *Archives of Suicide Research*, 9, 163 - 176.

Richman, J. (1986). *Family therapy for suicidal people*. New York: Springer.

Rodgers, P. L., Sudak, H. S., Silverman, M. M., & Litts, D. A. (2007). Evidence-based practices project for suicide prevention. *Suicide and Life-Threatening Behavior*, *37*, 154 - 164.

Rosenthal, P. A., & Rosenthal, S. (1984). Suicidal behavior by pre-school children. *American Journal of Psychiatry*, *141*, 520 - 525.

Ross, C. P. (1980). Mobilizing schools for suicide prevention. *Suicide and Life-Threatening Behavior*, *10*, 239 - 244.

Rudd, M. D. (2006). *The assessment and management of suicidality*. Sarasota, FL: Professional Resource Press.

Rudd, M. D., Berman, A. L., Joiner, T. E., Nock, M. K., Silverman, M., Mandrusiak, M., Van Orden, K., & Witte, T. (2006). Warning signs for suicide: Theory, research, and clinical applications. *Suicide and Life-Threatening Behavior*, *36*, 255 - 262.

Rudd, M. D., Joiner, T. E., & Rajab, M. H. (1995). Help negation after acute suicidal crisis. *Journal of Consulting and Clinical Psychology*, *63*, 499 - 503.

Rudd, M. D., Joiner, T. E., & Rajab, M. H. (2001). *Treating suicidal behavior: An effective, time-limited approach*. New York: Guilford Press.

Rudd, M. D., Mandrusiak, M., & Joiner, T. E. (2006). The case against no-suicide contracts: The commitment to treatment statement as a practice alternative. *Journal of Clinical Psychology*, *62*, 243 - 251.

Rueter, M. A., Holm, K. E., McGeorge, C. R., & Conger, R. D. (2008). Adolescent suicidal ideation subgroups and their association with suicidal plans and attempts in young adulthood. *Suicide and Life-Threatening Behavior*, *38*, 564 - 575.

Rueter, M. A., & Kwon, H. K. (2005). Developmental trends in adolescent suicidal ideation. *Journal of Research on Adolescence*, *15*, 205 - 222.

Runyon, B. (2004). *The burn journals*. New York: Vintage.

Ruof, S., & Harris, J. (1988, May). Suicide contagion: Guilt and modeling. *NASP Communique*, *18*, 8.

Rustad, R. A., Small, J. E., Jobes, D. A., Safer, M. A., & Peterson, R. J. (2003). The impact of rock music videos and music with suicidal content on thoughts and attitudes about suicide. *Suicide and Life-Threatening Behavior*, *33*, 120 – 131.

Sanford v. Stiles, 456 F.3d 298 (3d Cir. 2006).

Satcher, D. (1998). Bringing the public health approach to the problem of suicide. *Suicide and Life-Threatening Behavior*, *28*, 325 – 327.

Sawka-Miller, K. D., & McCurdy, B. L. (2009). Preventing antisocial behavior: Parent training in low-income urban schools. In J. K. Levine (Ed.), *Low incomes: Social, health and educational outcomes* (pp. 1 – 30). New York: Nova Science.

Sawka-Miller, K. D., & Miller, D. N. (2007). The third pillar: Linking positive psychology and school-wide positive behavior support. *School Psychology Forum*, *2*, 26 – 38.

Scherff, A., Eckert, T. L., & Miller, D. N. (2005). Youth suicide prevention: A survey of public school superintendents' acceptability of school-based programs. *Suicide and Life-Threatening Behavior*, *35*, 154 – 169.

Scott v. Montgomery County Board of Education, 1997 U.S. App. LEXIS 21258 (4th Cir. 1997).

Segal, Z. V., Williams, J. M. G., & Teasdale, J. D. (2002). *Mindfulness-based cognitive therapy for depression: A new approach to preventing relapse*. New York: Guilford Press.

Seiden, R. H. (1978). Where are they now? A follow-up study of suicide attempters from the Golden Gate Bridge. *Suicide and Life-Threatening Behavior*, *8*, 1 – 13.

Seligman, M. E. P. (1992). *Helplessness: On depression, development, and death*. New York: Freeman.

Sewell, K. W., & Mendelsohn, M. (2000). Profiling potentially violent youth: Statistical and conceptual problems. *Children's Services: Social Policy, Research, and Practice*, *3*, 147 – 169.

Shaffer, D. , & Craft, L. (1999). Methods of adolescent suicide prevention. *Journal of Clinical Psychiatry*, *60*, 70 – 74.

Shaffer, D. , Garland, A. , Gould, M. , Fisher, P. , & Trautman, P. (1988). Preventing teenage suicide: A critical review. *Journal of the American Academy of Child and Adolescent Psychiatry*, *27*, 675 – 687.

Shaffer, D. , Garland, A. , Vieland, V. , Underwood, M. M. , & Busner, C. (1991). The impact of a curriculum-based suicide prevention program for teenagers. *Journal of the American Academy of Child and Adolescent Psychiatry*, *30*, 588 – 596.

Shaffer, D. , Gould, M. S. , Fisher, P. , Trautman, P. , Moreau, D. , Kleinman, M. , & Flory, M. (1996). Psychiatric diagnoses in child and adolescent suicide. *Archives of General Psychiatry*, *53*, 339 – 348.

Shaffer, D. , Vieland, V. , Garland, A. , Rojas, M. , Underwood, M. , & Busner, C. (1990). Adolescent suicide attempters: Response to suicide prevention programs. *Journal of the American Medical Association*, *264*, 3151 – 3155.

Shafii, M. , & Shafii, S. L. (1982). Self-destructive, suicidal behavior, and completed suicide. In M. Shafii & S. L. Shafii (Eds.), *Pathways of human development: Normal growth and emotional disorders in infancy, childhood and adolescence* (pp. 164 – 180). New York: Thieme-Stratton.

Shea, S. C. (2002). *The practical art of suicide assessment*. Hoboken, NJ: Wiley.

Shinn, M. R. (2008). Best practices in using curriculum-based measurement in a problem-solving model. In A. Thomas & J. Grimes (Eds.), *Best practices in school psychology V* (pp. 243 – 261). Bethesda, MD: National Association of School Psychologists.

Shinn, M. R. , & Walker, H. M. (Eds.). (2010). *Interventions for achievement and behavior problems in a three-tier model including RTI*. Bethesda, MD: National Association of School Psychologists.

Shipler, D. K. (2004). *The working poor: Invisible in America*, New York:

Vintage.

Shneidman, E. S. (1985). *Definition of suicide*. New York: Wiley.

Shneidman, E. S. (1996). *The suicidal mind*. New York: Oxford University Press.

Shneidman, E. S. (2004). *Autopsy of a suicidal mind*. New York: Oxford University Press.

Shochet, I. M., Dadds, M. R., Ham, D., & Montague, R. (2006). School connectedness is an underemphasized parameter in adolescent mental health: Results of a community prediction study. *Journal of Clinical Child and Adolescent Psychology*, *35*, 170 – 179.

Silenzio, V. M. B., Pena, J. B., Duberstein, P. R., Cerel, J., & Knox, K. L. (2007). Sexual orientation and risk factors for suicidal ideation and suicide attempts among adolescents and young adults. *American Journal of Public Health*, *97*, 2017 – 2019.

Silverman, M. M., Berman, A. L., Sanddal, N. D., O'Carroll, P. W., & Joiner, T. E. (2007a). Rebuilding the tower of babel: A revised nomenclature for the study of suicide and suicidal behaviors part 1: Background, rationale, and methodology. *Suicide and Life-Threatening Behavior*, *37*, 248 – 263.

Silverman, M. M., Berman, A. L., Sanddal, N. D., O'Carroll, P. W., & Joiner, T. E. (2007b). Rebuilding the tower of babel: A revised nomenclature for the study of suicide and suicidal behaviors part 2: Suicide-related ideations, communications, and behaviors. *Suicide and Life-Threatening Behavior*, *37*, 264 – 277.

Simon, R. I. (2007). Gun safety management for patients at risk for suicide. *Suicide and Life-Threatening Behavior*, *37*, 518 – 526.

Sinclair, M. F., Christenson, S. L., Hurley, C., & Evelo, D. (1998). Dropout prevention for high-risk youth with disabilities: Efficacy of a sustained school engagement procedure. *Exceptional Children*, *65*, 7 – 21.

Smith, K., & Crawford, S. (1986). Suicidal behavior among normal high school students. *Suicide and Life-Threatening Behavior*, *16*, 313 – 325.

Snyder, C. R., & Lopez, S. J. (2007). *Positive psychology: The scientific and practical exploration of human strengths*. Thousand Oaks, CA: Sage.

Solomon, A. (2001). *The noonday demon: An atlas of depression*. New York: Scribner.

Spirito, A., Overholser, J., Ashworth, S., Morgan, J., & Benedict-Drew, C. (1988). Evaluation of a suicide awareness curriculum for high school students. *Journal of the American Academy of Child and Adolescent Psychiatry*, *27*, 705-711.

Srebnik, D., Cauce, A. M., & Baydar, N. (1996). Help-seeking pathways for children and adolescents. *Journal of Emotional and Behavioral Disorders*, *4*, 210-220.

Stack, S. (2000). Suicide: 15-year review of the sociological literature part I: Cultural and economic factors. *Suicide and Life-Threatening Behavior*, *30*, 145-162.

Stack, S. (2003). Media coverage as a risk factor in suicide. *Journal of Epidemiology and Community Health*, *57*, 238-240.

Stage, S. A., & Quiroz, D. R. (1997). A meta-analysis of interventions to decrease disruptive classroom behavior in public education settings. *School Psychology Review*, *26*, 333-368.

Stanford, E., Goetz, R., & Bloom, J. (1994). The no-harm contract in the emergency assessment of suicidal risk. *Journal of Clinical Psychiatry*, *55*, 344-348.

Steege, M. W., & Watson, T. S. (2008). Best practices in functional behavioral assessment. In A. Thomas & J. Grimes (Eds.), *Best practices in school psychology V* (pp. 337-347). Bethesda, MD: National Association of School Psychologists.

Steinhausen, H. C., Bösiger, R., & Metzke, C. W. (2006). Stability, correlates, and outcome of adolescent suicide risk. *Journal of Child Psychology and Psychiatry*, *47*, 713-722.

Stengel, E. (1967). *Suicide and attempted suicide*. London, UK: Penguin.

Stoiber, K. C., & DeSmet, J. L. (2010). Guidelines for evidence-based practice in selecting interventions. In G. Gimpel Peacock, R. A. Ervin, E. J. Daly III, & K. W. Merrell (Eds.), *Practical handbook of school psychology: Effective practices for the 21st century* (pp. 213 - 234). New York: Guilford Press.

Stormont, M., Reinke, W. M., & Herman, K. C. (2010). Introduction to the special issue: Using prevention science to address mental health issues in schools. *Psychology in the Schools*, *47*, 1 - 4.

Strein, W., Hoagwood, K., & Cohn, A. (2003). School psychology: A public health perspective I. Prevention, populations, and systems change. *Journal of School Psychology*, *41*, 23 - 38.

Substance Abuse and Mental Health Services Administration, Office of Applied Studies. (September 17, 2009). *The NSDUH report: Suicidal thoughts and behaviors among adults*. Rockville, MD.

Sugai, G. (2007). Promoting behavioral competence in schools: A commentary on exemplary practices. *Psychology in the Schools*, *44*, 113 - 118.

Sugai, G., & Horner, R. H. (2009). Defining and describing schoolwide positive behavior support. In W. Sailor, G. Dunlap, G. Sugai, & R. Horner (Eds.), *Handbook of positive behavior support* (pp. 307- 326). New York: Springer.

Swearer, S. M., Espelage, D. L., Brey Love, K., & Kingsbury, W. (2008). School-wide approaches to intervention for school aggression and bullying. In B. Doll & J. A. Cummings (Eds.), *Transforming school mental health services: Population-based approaches to promoting the competency and wellness of children* (pp. 187 - 212). Thousand Oaks, CA: Corwin Press.

Tarasoff v. Regents of University of California, 131 Cal. Rptr. 14 (1976).

Tark, J., & Kleck, G. (2004). Resisting crime. *Criminology*, *42*, 861 - 909.

Thompson, E. A., Mazza, J. J., Herting, J. R., Randell, B. P., & Eggert, L. L. (2005). The mediating roles of anxiety, depression, and hopelessness on adolescent suicidal behaviors. *Suicide and Life-Threatening Behavior*, *35*, 14 - 34.

U. S. Department of Health and Human Services. (1999). *The Surgeon General's call to action to prevent suicide.* Washington, DC: Author.

U. S. Public Health Service. (2001). *National strategy for suicide prevention: Goals and objectives for action.* Rockville, MD: U. S. Department of Health and Human Services.

Van Dyke, R. B., & Schroeder, J. L. (2006). Implementation of the Dallas threat of violence risk assessment. In S. R. Jimerson & M. J. Furlong (Eds.), *Handbook of school violence and school safety: From research to practice* (pp. 603 – 616). Mahwah, NJ: Erlbaum.

Van Orden, K. A., Joiner, T. E., Hollar, D., Rudd, M. D., Mandrusiak, M., & Silverman, M. M. (2006). A test of the effectiveness of suicide warning signs for the public. *Suicide and Life-Threatening Behavior, 36*, 272 – 287.

Van Orden, K. A., Witte, T. K., Selby, E. A., Bender, T. W., & Joiner, T. E. (2008). Suicidal behavior in youth. In J. R. Z. Abela & B. L. Hankin (Eds.), *Handbook of depression in children and adolescents* (pp. 441 – 465). New York: Guilford Press.

Vieland, V., Whittle, B., Garland, A., Hicks, R., & Shaffer, D. (1991). The impact of curriculum-based suicide prevention programs for teenagers: An 18-month follow-up. *Journal of the American Academy of Child and Adolescent Psychiatry, 30*, 811 – 815.

Volpe, R. J., Heick, P. F., & Guerasko-Moore, D. (2005). An agile behavioral model for monitoring the effects of stimulant medication in school setings. *Psychology in the Schools, 42*, 509 – 523.

Vossekuil, B., Fein, R. A., Reddy, M., Borum, R., & Modzeleski, W. (2002). *The final report and findings of the Safe School Initiative: Implications for the prevention of school attacks in the United States.* Washington, DC: Secret Service and U.S. Department of Education.

Wagner, B. M. (2009). *Suicidal behavior in children and adolescents.* New Haven, CT: Yale University Press.

Wagner, E. E., Rathus, J. H., & Miller, A. L. (2006). Mindfulness in dialectical behavior therapy (DBT) for adolescents. In R. A. Baer (Ed.), *Mindfulness-based treatment approaches: Clinician's guide to evidence base and applications* (pp. 167 - 189). San Diego, CA: Elsevier.

Walker, H. M., Horner, R. H., Sugai, G., Bullis, M., Sprague, J. R., Bricker, D., & Kaufman, M. J. (1996). Integrated approaches to preventing antisocial behavior patterns among school-age children and youth. *Journal of Emotional and Behavioral Disorders*, 4, 193 - 256.

Walsh, B. W. (2006). *Treating self-injury: A practical guide*. New York: Guilford Press.

Weiss, B., Catron, T., Harris, V., & Phung, T. (1999). The effectiveness of traditional child psychotherapy. *Journal of Consulting and Clinical Psychology*, 67, 82 - 94.

Weiss, C. H., Murphy-Graham, E., & Birkeland, S. (2005). An alternate route to policy influence: How evaluators affect D. A. R. E. *American Journal of Evaluation*, 26, 12 - 30.

Whitaker, R. (2010). *Mad in America: Bad science, bad medicine, and the enduring mistreatment of the mentally ill* (*second edition*). New York: Basic Books.

Williams, M. (2001). *Suicide and attempted suicide*. London: Penguin Books.

Witmer, L. (1907/1996). Clinical psychology. *American Psychologist*, 51, 248 - 251. (Reprinted from *Psychological Clinic*, 1, 1 - 9.)

Woodbury, K. A., Roy, R., & Indik, J. (2008). Dialectical behavior therapy for adolescents with borderline features. In L. A. Greco & S. C. Hayes (Eds.), *Acceptance and mindfulness treatments for children and adolescents: A practical guide* (pp. 115 - 138). Oakland, CA: New Harbinger.

Woods, D. S. (2006). *Breaking point: Fighting to end America's teenage suicide epidemic!* Victoria, BC: Trafford Publications.

Woodside, M., & McClam, T. (1998). *An introduction to human services* (3rd ed.). Pacific Grove, CA: Brookes/Cole.

Wyke v. Polk County School Board, 129 F.3d 560 (11th Cir. 1997).

Ying, Y., & Chang, K. (2009). A study of suicide and socioeconomic factors. *Suicide and Life-Threatening Behavior*, *39*, 214 - 226.

Zenere, F. J., III., & Lazarus, P. J. (1997). The decline of youth suicidal behavior in an urban multicultural school system following the introduction of a suicide prevention and intervention program. *Suicide and Life-Threatening Behavior*, *16*, 360 - 378.

Zenere, F. J., III., & Lazarus, P. J. (2009). The sustained reduction of youth suicidal behavior in an urban multicultural school district. *School Psychology Review*, *38*, 189 - 199.

Zirkel, P. A., & Fossey, R. (2005). Liability for student suicide. *West's Education Law Reporter*, *197*, 489 - 497.

Zwaaswijk, M., Van der Ende, J., Verhaak, P. F., Bensing, J. M., & Vernhulst, F. C. (2003). Help seeking for emotional and behavioural problems in children and adolescents: A review of recent literature. *European Child and Adolescent Psychiatry*, *12*, 153 - 161.